新能源发电及并网技术

陈琳　主编

中国水利水电出版社
www.waterpub.com.cn

·北京·

内 容 提 要

新能源发电以其清洁性、经济性和可再生性越来越受到人们的青睐,大规模开发和利用以太阳能、风能为代表的新能源对于我国能源结构调整和绿色可持续发展具有重要意义,其中新能源发电及并网技术是重要组成部分。本书面向具有一定电力电子技术基础的读者,以典型新能源发电及并网系统结构为切入点,深入浅出地阐述和讨论新能源发电技术、电路拓扑、并网逆变器及其控制、新能源发电中的孤岛效应、最大功率点跟踪、新能源发电并网技术标准和要求等内容。

本书可供从事新能源发电及并网技术相关研究与应用的工程技术人员参考学习,也可作为高等院校本科生的学习参考书。

图书在版编目（CIP）数据

新能源发电及并网技术 / 陈琳主编. -- 北京：中国水利水电出版社, 2020.5（2021.6重印）
ISBN 978-7-5170-8554-6

Ⅰ. ①新… Ⅱ. ①陈… Ⅲ. ①新能源－发电 Ⅳ. ①TM61

中国版本图书馆CIP数据核字(2020)第080936号

书 名	**新能源发电及并网技术** XIN NENGYUAN FADIAN JI BINGWANG JISHU
作 者	陈琳 主编
出版发行	中国水利水电出版社 （北京市海淀区玉渊潭南路 1 号 D 座　100038） 网址：www.waterpub.com.cn E-mail：sales@waterpub.com.cn 电话：(010) 68367658（营销中心）
经 售	北京科水图书销售中心（零售） 电话：(010) 88383994、63202643、68545874 全国各地新华书店和相关出版物销售网点
排 版	中国水利水电出版社微机排版中心
印 刷	清淞永业（天津）印刷有限公司
规 格	184mm×260mm　16 开本　9 印张　219 千字
版 次	2020 年 5 月第 1 版　2021 年 6 月第 2 次印刷
印 数	1001—3000 册
定 价	**45.00** 元

前　言

　　新能源发电及并网技术，是高等院校新能源科学与工程专业的必修课程，也是相关领域的从业人员必修的基础知识。该课程理论和实践结合紧密，学习这门课程是初学者应用专业基础知识、进行新能源发电及并网相关工作实践的重要步骤。

　　本书共9章，对新能源发电和并网技术等内容进行了详细介绍。第1章简要介绍了国内外新能源发展现状和新能源发电并网研究现状；第2章结合工程实际的需要，对光伏发电并网系统的体系结构进行了介绍；第3章按照光伏发电并网逆变器电路拓扑的分类介绍了隔离型光伏发电并网逆变器、非隔离型光伏发电并网逆变器、多支路光伏发电并网逆变器和微型光伏并网逆变器；第4章对两种经典并网逆变器控制策略进行了详细介绍，包括基于电流闭环的矢量控制策略和直接功率控制策略；第5章、第6章重点介绍了新能源发电并网过程中存在的孤岛效应以及最大功率点跟踪（MPPT）问题和相应的解决策略；第7章介绍了风电机组并网技术；第8章、第9章介绍了新能源发电并网技术标准和要求等内容，并列举相关案例。

　　本书主要介绍新能源发电并网技术，既可供新能源科学与工程专业本科生使用，也可作为新能源领域的相关从业技术人员的自学参考书。作者在广泛调研、广泛收集素材基础上，结合自己与多位教师多年从事教学相关工作的实践经验，精心编制，力求反映广大师生的要求，做到好读易教。

　　本书由陈琳主编，在编写过程中得到很多帮助，如：沈阳工程学院新能源学院的教师为本书提供许多宝贵意见，并参与了部分章节的编写和整理工作；新能源学院的毕业生为本书提供了大量素材。同时，在编写过程中参考学习了很多著作和论文，在此一并表示衷心的感谢。

　　由于作者水平有限，书中难免存在不妥之处，恳请广大读者给予指正。

作者

2020 年 2 月

目　　录

第1章 绪论

通过本章的学习，应能够了解国内外新能源发展现状，对我国新能源发展现状有一定认知；熟悉新能源发电及并网技术研究的现状，尤其是风电并网和光伏发电并网研究现状。

1.1 能 源 背 景

能源是人类生存和发展的重要物质基础，也是当今国际政治、经济、军事、外交关注的焦点。我国经济社会持续快速发展，离不开有力的能源支持，能源资源及其开发利用，不但直接影响着人类文明和社会经济的发展，而且能源安全问题对世界经济安全和国际政治的影响力越来越大。对能源合理可持续开发与利用是世界经济持续发展的重要保障，近年来随着全球经济的快速发展、人口增加、能源需求增长，人类对煤炭、石油等化石原料的消耗日益增加，造成全球能源供应紧张，同时化石燃料的使用是二氧化碳等温室气体增加的主要来源，这带来了严重的生态环境问题。

因此，开发利用新能源逐渐成为世界各国的共识与必然发展趋势，在能源紧张和环境污染加剧的双重压力之下，世界各国争相开发以太阳能和风能等为代表的新能源。我国是能源消耗大国，尤其应重视新能源的开发与利用，在我国相继出台的《可再生能源中长期发展规划》（发改能源〔2007〕2174号）、《可再生能源发展"十二五"规划》等一系列法规及政策中，均将能源作为国家发展战略的重点，将以太阳能、风能为代表的新能源发电及并网技术提高到战略高度。《中华人民共和国新能源法》从国家立法的层面为其发展提供支持和法律保障，以此促进我国能源战略调整和节能减排。

当前，我国一次能源主要是煤炭，约占70%，二次能源主要是电能，其中火电约占80%，能源安全方面主要表现为石油短缺，对外依存度约为50%。2008年，我国煤炭消费是世界第一，石油消费是世界第二。长期看，我国经济的持续快速发展与传统能源的较慢发展之间的矛盾越来越大，发展传统能源之外的新能源，诸如太阳能、风能、生物质能、地热能、海洋能等是促进我国能源结构多元化和经济有序健康发展的战略选择。从目前的电力结构来看，火电、水电占绝对优势，新能源发电比例很小，若新能源发展迅速，则可以大大缓解能源短缺这一迫切问题。此外，随着能源需求的不断增长，当前以消耗能源的传统发电量已不能满足社会经济发展的需要，因此，面对社会经济和人口增长造成的传统能源日益枯竭和电力需求不断增长等问题，发展新能源是人类可持续发展的重要出路之一。

随着科学技术的进步和经济的发展，现代电力系统已发展成为大容量集中发电、远距离、超（特）高压输电的大型互联网络。美国、俄罗斯、加拿大、日本等国已率先研究和采用了超高压输电技术。目前，国外运行的超高压系统，电压可达 765kV，而俄罗斯、日本的 1150～1500kV 输电系统，则属于特高压范畴。我国在 2008 年年底建成的一个试验示范工程，线路全长 640km，电压等级为 1000kV，该线路在完成 168h 试运行后投入商业运行。这种超高压输电模式能够有效减少系统网络损耗、提高系统高压线路的传送功率容量、降低系统总燃料成本、提高系统能量利用率。但是，随着电力需求的增长，集中式互联网络开始显现出弊端，如运行控制复杂、亦出现连锁故障、局部事故极易扩散、处理不当会造成大面积的停电，对居民生活、经济发展造成严重影响等。传统能源发电产生的大量温室气体会加速全球变暖，而新能源的出现和发展正是解决这一问题的重要方法之一。

诸如太阳能、风能等新能源可以作为分布式能源发电。所谓分布式发电，是相对传统大规模集中式供电模式而言，分散安装在负荷附近，其发电功率范围在千瓦级到十兆瓦级之间，采用先进的电力电子技术、通信技术和信息控制技术，是高效、可靠、环保的小型模块化、分散式发电形式。它们可以与电网直接连接运行或独立运行，也可以组成一个微电网连接大电网运行或独立运行。

新能源发电，主要包括太阳能发电、风力发电等发电技术以及利用蓄电池、超级电容器等先进的储能技术。作为分布式电源，新能源一般对位置条件要求不高，具有装置地点灵活、可分散布点等特点，可以较好地适应资源分散分布的特点。与传统高电压等级、大规模集中式供电相比，降低了资源运输成本，减少了输电线路的电能损耗，因此提高了电能利用效率。新能源的接入还可以提高供电可靠性，在并网时可时刻检测大电网运行状态，在出现电网故障的情况下可以独立运行，保证局部地区居民的最小电力供应和基本生活需要，成为大型电力网络的有效补充。同时采用新能源发电，向用户提供"绿色电力"，是实现"节能减排"目标的重要措施。

然而，新能源发电及并网也存在诸多问题，如风力发电、光伏发电的发电量受环境影响较为明显。对于风电机组，其发出的功率很大程度上取决于风速，然而风速是时刻变化的，风电并网要时刻根据风速的变化来调整自己的控制以获得最大的风能；光伏发电，主要受外界温度和光照强度的影响，外界温度变化比较平缓，而光照强度却可能变化剧烈，尤其是在多云天气环境，对光伏发电影响比较剧烈，因此如何使光伏阵列、风电机组根据外界环境的变化实现最大限度发电是一个重要问题。

随着分布式发电渗透率的不断增加，其本身存在的问题也逐渐显现出来。除技术因素外，其经济性也是一个制约发展的因素，新能源发电并网成本较高，单机发电并网成本则更高。分布式电源一般是不可控的，大电网往往采取限制或隔离的方式来处理分布式电源，以减小其对大电网的冲击。以太阳能发电、风力发电为代表的间歇式新能源发电系统的功率输出一般具有随机波动性，对电力系统稳定性也会产生不利影响，对原有电网安全运行构成威胁，渗透率的提高则会加剧这种负面影响，而且也不利于提高能源的整体综合利用效率。布点分散、形式多样且性能各异的新能源发电并网运行会对电网和用户造成一定的冲击，对设备寿命、电能质量、系统保护及运行的可靠性等方面都带来诸多负面影响，使其并网发电受到一定程度的限制。而如果简单地从电网稳定运行的角度对新能源发电并网提出严格的条件和较高的标准，又会导致新能源发电的潜能无法得到充分释放和发挥，运行灵活性得不到体现，更无法提高经济性。

为了解决大电网与新能源之间的矛盾，充分挖掘新能源发电的潜力及其为电网和用户带来的价值，保证电网安全稳定高效经济运行，各国学者做了诸多相关研究，提出将具有不同电气特性但互补的多种新能源和储能装置以微电网的形式运行发电。

微电网（microgrid）是指由各类负荷、新能源、储能单元通过低压网络紧密结合，集成为单一的、可控的系统，是一个能实现自我保护、控制和管理的自治系统，可同时向负荷供给电能和热能，既可以通过与大电网并网运行，也可以独网运行，是智能电网的重要组成部分。将多种分布式电源以微电网形式并入配电网，可以解决新能源大量分散接入问题，实现能源供应的稳定、高效、清洁、经济，方便负荷侧管理以及能源利用效率高、电网可靠性好和运行灵活等优点。在环境保护和能源需求的双重压力之下，新能源作为大电网的有效补充，具有灵活多变的运行方式和布点位置。

目前，已有很多国家和地区对新能源发电及其并网技术展开研究，风力发电是风能利用的主要形式，也是目前新能源中技术最成熟、最具规模化开发条件和商业化发展前景的发电方式之一。但对新能源发电并网的研究大多刚刚起步，技术和理论尚未成熟，对并网的核心技术研究则更少。因此，对新能源发电并网的关键技术展开深入研究，可为我国乃至世界新能源的发展和推进奠定坚实的基础，具有十分重要的理论价值和现实意义。

1.2　国内外新能源发展现状

据美国能源部能源情报署完成的《国际能源展望 2004》基准状态预测，世界能源消费在 24 年内（2001—2025 年）将增加 54%，全球能源消费总量预计将从 2001 年的 $4.3 \times 10^{17} kJ$ 增加到 2025 年的 $6.8 \times 10^{17} kJ$。从长远看，随着煤炭等非再生性矿物资源的不断枯竭，能源短缺仍是困扰人类发展的大问题，是人类即将面临的巨大挑战。随着化石能源的日趋枯竭，新能源终将成为化石能源的替代品。开发利用风能、太阳能、生物质能、地热能和海洋能等新能源是解决能源短缺的有效途径，受到世界各国的重视，也已成为世界能源界研究和投资的热点。为此，世界各国人们把注意力转向新能源，各国政府也出台各种措施大力发展新能源。

据业内人士预测，到 2070 年，世界上 80% 的能源要依靠新能源，毫无疑问，该产业的前景是非常广阔的，这一点从各国政府制定的未来新能源开发目标中也可见一斑。

1.2.1　美国新能源发展现状

新能源在美国的应用极为广泛，风能、海洋能主要用于发电，生物质能主要用于发电、取暖和交通运输，太阳能可用来发电或热利用等。

目前，美国新能源的发展在世界新能源发展中处于领先地位，在政府的大力扶持和帮助下，太阳能、风能、海洋能等新能源得到了长足的发展。据统计表明当前美国的能源结构主要由化石能源和新能源两大部分组成。虽然新能源所占比例相对较小，但是其发展速度和潜力都是在世界上领先的。

自开发分布式能源系统（DES）以来，美国的 DES 站点已有 6000 多座，总装机容量超过 9000 万 kW，2020 年起 50％以上的新建办公或商用建筑采用微型热电冷联产系统（CCHP）供能模式。美国 DES 发电量占国内总发电量的 14％左右，以天然气 CCHP 为主（占总发电量的 4.1％），其他能源包括水能、太阳能、风能等。美国能源部认为，美国分布式能源发展潜力在 11～15GW，其中工业领域 7～9GW，商业领域 4～6GW。全球大多数商用 DES 设备由美国制造。

在支持分布式发电的相关政策上，美国在 2001 年颁布了 IEEE － P1547/D08《关于分布式电源与电力系统互联的标准草案》，并通过了有关的法令让分布式发电系统并网运行和向电网售电。美国能源部在 2005 年制订了国内微电网技术发展路线图，以 2005—2015 年为基础研究与示范应用期，2015—2020 年为微电网技术的应用发展期。

2009 年 1 月 25 日，美国白宫发布了一份论述美国经济恢复和再投资计划的报告。该报告提出美国已将能源、教育、健康和基础设施建设列为最重要的领域，因为这些领域无论对近期提供几百万美国人就业，还是长期确保美国的竞争力都至关重要。在能源方面，为了加速推进清洁能源经济，美国在未来 3 年内将把风能、太阳能和生物质能等新能源的生产能力再提高 1 倍，将开始建造新的长达 4800km 的传输电网，将通过对 75％的联邦建筑和 250 万户家庭进行节能改造，改善其保温性，前者每年能减少纳税人 20 亿美元的支出，后者则将使每个家庭每年少支出 350 美元的电费。

此外，美国在分布式发电上还采用了新能源配额机制（RPS）等体系，为分布式发电提供了公平、公开的市场条件，在保证分布式发电的经济效益上起到了重要的作用。

美国 DES 的快速发展，与其自身的电力供应格局和采取的措施等息息相关。美国电力供需以小范围平衡为主，跨区电力交换少，而城市工业、商业、居住功能区域分割的空间布局决定了大多数 DES 项目的规模偏小，其先进的发电技术更是 DES 发展中不可缺少的一环，近年来美国加大了推动新能源的分布式发电模式力度。

美国多数民众支持新能源发电的研究和开发，但是他们也持有一定的保留态度，特别是担心由于新能源的开发而引起的环境问题。在 2007 年发表的世界环境年度综述中显示，绝大多数的民众关注全球气候变化，并鼓励支持政府对新能源的政策倾斜。近几年来，美国的新能源得到越来越多的重视和政策倾斜，发展迅猛，新能源的发展也很迅速。

1.2.2　欧洲新能源发展现状

与电网的大容量和超高压发展方向相反，欧洲关注更多的是智能电网技术。欧洲智能电网的关注点多集中在新能源领域。如在 2002 年丹麦风电占全国发电量 13％，计划 2030 年前将使这一指标达到 50％。在风电产业发展中，采取统一政策，颁布相关法规，使欧盟成功地扮演全球风电领跑者的重要因素。据悉，欧盟各国政府相继通过强制上网、价格激励（固定电价制度）、税收优惠（对常规能源征收能源税和碳税等）、投资补贴和出口信贷等措施和办法支持风电产业的发展。

欧洲于 2005 年成立了"智能电网欧洲技术论坛"，并于 2006 年推出了研究报告，全面阐述了欧洲关于智能电网的发展理念和思路。电网的智能化、能量利用的多元化等将是欧洲未来电网的重要特点。未来欧洲电网必须建立在电网信息化管理系统之上，特别是低压供电电网的信息化控制、流量平衡控制、网内分布式能源智能管理与控制系统、智能保护系统等。其电网的发展目标是可靠、高效和灵活，其电力发展模式是向分布式发电、交互式供电的分散智能电网过渡，更加强调对环境的保护和新能源发电的发展，这也是引领国际电网发展的另一大趋势。特别是风能、太阳能和生物质能的发展，是欧盟理事会能源政策的中心目标。

丹麦政府从 1999 年开始进行电力改革，是目前世界上 DES 推广力度最大的国家，其占有率在整个能源系统中接近 40%，占电力市场的比例已达到 53%，2010 年丹麦政府铺设了全球最长的智能化电网基础设施。丹麦的 CHP 技术发展方向主要是规模化和传统煤燃料的转型。全丹麦 8 个互联的 CHP 大区的煤/电转化效率超过 50%，总效率高达 90%。丹麦政府先后出台一些鼓励 DES 的法律法规如《供热法》和《电力供应法》，分别对 DES 明确提出予以鼓励、保护和支持，并制定补偿政策和优惠贷款政策。

英国与丹麦相同，1999 年开始逐步开放电力市场，分布式发电政策的制定更多地着眼于环保，特别是气候的变化影响。除了支持新能源的政策，还有许多支持 CHP 发展的政策。英国对 CHP 所用燃料免收气候变化税，免收企业的商业税，对现代化的供热系统提供支持。为调动各发电厂平衡自身发电量的积极性，其《新电力交易规则》对明确发电量做出了规定。

德国在 2000 年颁布了《可再生能源法》，并已经多次修订，利用"灵活的电价调整机制"引导 DES 有序发展。2002 年，德国通过了新的《热电法》，鼓励、支持发展 CHP，对光伏电站进行大规模财政补贴。德国在 2020 年新能源发电量占总电量的 35%，并确定了光伏发电的新增装机容量计划。另外，德国拥有 300 多个 1 万 kW 以下的沼气和其他生物质能发电站。德国还先后制定发布接入中、低压配电网的分布式电源并网技术标准，从法律上明确并网技术标准，确保公共电网安全稳定，为分布式能源系统的市场推广扫除了技术障碍。

荷兰的大多数分布式发电厂是配电方和工业联合投资的，电力市场自由化加强了竞争，通过一些早期的激励政策，荷兰的 CHP 发电量迅速上升，包括政府投资津贴、发电公司购电义务、天然气优惠价等。采用增加能源投资补贴、免收管制能源税和相应的财政支持等措施解决 CHP 机组面临的财政困难问题。

1.2.3 日本新能源发展现状

由于国内能源资源极度匮乏，日本是世界上最早重视新能源发展的国家之一，其发展具有"自上而下"特征，前期主要是通过政府政策启动。国内资源的短缺促使日本一直积极开发太阳能、风能等新能源，利用生物质能发电和地热能发电，特别是对太阳能的开发利用寄予厚望。同时不断加强新能源发电技术的研发和推广，经过多年发展，太阳能已走近千家万户，很多家庭都购买了太阳能发电装置。从 2000 年起，太阳电池产量、光伏发电量多年位居世界首位，占世界总发电量的半壁江山，随着太阳能技术日益创新，其能量转换率不断提高。太阳能电池是日本利用太阳能的主要技术产品之一，其光能转换率已接近 20%。从过去 20 年来看，其成本随着电力累计产量的成倍提高已降低到原来的 82%。持续的市场应用推动了太阳能电池技术进步及其生产成本的降低。

在分布式能源方面，由于日本的天然气价格很高，所以燃气发电很不经济，其分布式发电以 CHP 和光伏发电为主。日本 DES 总装机容量约 3600 万 kW，占全国的 13.4%，至 2000 年年底，已建立分布式 CHP 系统 1400 多个。分布式光伏发电不仅用于公用设施，还开展了居民住宅屋顶光电应用示范项目工程。日本制定了相关的法令和优惠政策保证该项事业的发展，有条件、有限度地允许这些分布式发电系统上网，通过优惠的环保资金支持分布式发电系统的建设，包括：对城市分布式发电单位进行减税或免税；鼓励银行对分布式发电系统出资、融资；修订《电力事业法》等。

在风能利用方面，日本也取得很大成功，目前日本风力发电能力排名世界第九位。由于日本的地理地貌优势，风力资源极其丰富，早在 20 世纪 80 年代初，日本在风能开发和利用方面就进行研究和规划，开发技术不断升级换代，近年来发展更快。

进入 21 世纪，日本新能源在一次能源供给中所占的比例逐年增加，日本新能源产业的快速发展源于在新能源开发领域中技术的遥遥领先，特别是在光伏发电技术方面。新能源产业的发展成为推动日本经济发展的重要力量，为日本经济的可持续发展奠定了坚实的基础。展望未来，日本政府制定的新能源发展计划中，提出到 2030 年日本使用新能源的比重将上升到 20% 的目标，这将使日本对石油的依赖程度大大降低，由现在的 50% 降到 40%。

1.2.4　我国新能源发展现状

与发达国家一样，我国也同样面临着能源短缺的巨大挑战，我国石化资源储量的有限性，能源需求量的巨大性，能源资源问题已成为关系到国家安全和发展的全局性问题。因此，加强风能、太阳能等新能源技术的研究与开发，建立我国能源发展新战略体系，是国家科技攻关研究的重要内容之一，也是我国能源可持续发展战略的关键之一，对于我国开发后备能源都具有重要的战略意义。

20 世纪 90 年代以来是我国光伏发电快速发展时期。在这一时期我国光伏组件生产能力逐年增强、成本不断降低、市场不断扩大、装机容量逐年增加，2007 年，中国太阳能产业规模已位居世界第一，是全球重要的太阳能电池生产国。

20 世纪 90 年代中后期，为促进风电产业的发展，我国实施了"双加"工程和"乘风计划"，装机容量和发电比例呈明显上升趋势，截止到 2019 年 6 月，风电累计并网装机容量达 1.93 亿 kW，并且大力发展海上风电，2019 年 5 月 24 日，中华人民共和国国家发展和改革委员会发布了《国家发展改革委关于完善风电上网电价政策的通知》（发改价格〔2019〕882 号），规定从 2021 年起，新核准的陆上风电项目全面实现平价上网。全球风能理事会海上风电工作组主席 Alastair Dutton 预测 2030 年全球海上风电总装机容量达 200GW。

我国是能源消耗大国，为满足日益增长的能源需求，国家加大力度发展风电，近十年来风电装机容量增长迅速，到 2010 年，我国风电场建设已覆盖 29 个省（自治区、直辖市），累计大于 1GW 的省超过 10 个，其中超过 2GW 的省份 7 个。在 2010 年，陕西、安徽、天津、贵州、青海 5 个省（直辖市）也首次实现风电装机容量零的突破。

目前，我国新能源产业发展政策不断出台，引导新能源产业迅速发展。利用比较广泛的新能源包括太阳能、风能和生物质能，利用好新能源发电技术和发展全球化的良好时机，我国完全有可能以较小的代价实现新能源的跨越式发展。

1.3　新能源发电并网研究现状

新能源发电具有降低能耗、提高电力系统可靠性和灵活性，同时减少各种碳化物的排放量等优势，但新能源独立发电存在技术难题，而新能源发电并网运行可以作为大电网的有力补充。从能源供应的经济技术等诸多因素考虑，风能和太阳能无疑是符合可持续发展的新能源。当前利用风能的风电机组和利用太阳能的光伏阵列的输出功率大小受外界环境影响较大，如何最大限度地开发是新能源发电技术研究的关键技术之一。

1.3.1　风力发电并网研究现状

1. 风电并网对电网造成冲击

大型风电场的风电机组很多都是异步发电机。异步发电机直接并网时，没有独立的励磁装置，并网前发电机没有电压，因此并网时必然伴随一个过渡过程，流过 4～7 倍于额定电流的冲击电流，最大瞬时电流可达到额定值的 8 倍，一般经过零点几秒后转入稳定。该冲击电流大小与其自身暂态电抗和并网时的电压高低有关，其有效值还与并网时的滑差有关。滑差越大则交流暂态衰减时间就越长，并网时冲击电流有效值也就越大，这也会导致局部电压水平降低，造成并网失败，目前通常采用双向晶闸管软启动装置来限制风电并网的冲击电流。

2. 风电并网对电压稳定性的影响

对于风电场并网地区电网而言，在风电场处于高出力运行状态时，本来是受端负荷的系统转化成为送端系统，但根据世界各国实际的风电场运行经验，其电压稳定性降低的问题仍然出现，这是由于风电场的无功特性引起的。风电场的无功仍可以看作是一个正的无功负荷，由于电压稳定性与无功功率的强相关性，因此风电场引起的电压稳定性降低或电压崩溃现象在本质上与常规电力系统电压失稳的机理是一致的。国内外有大量文献对风电并网的电压稳定性问题进行过研究。

3. 风电并网对电能质量的影响

风速变化、湍流以及尾流效应造成的紊流会引起风电功率的波动和风电机组的频繁起停，杆塔遮蔽效应使风电机组输出功率存在周期性的脉动。恒速恒频风电机组功率的波动势必会引起电压的变化，主要表现为电压波动、电压闪变、电压跌落等。另外，变速恒频风电机组中的电力电子控制装置会向电网注入谐波电流，引起电压波形发生不可接受的畸变，并可能引发由谐振带来的潜在问题。

4. 风电并网对潮流和网损的影响

在电力系统中，发电厂一般都接在输电网上，负荷则直接和配电网相连，电能是从输电网流向配电网的。输电网一般呈环状结构，电压等级高，网络损耗小。配电网则呈树状，结构松散，电压低，网损较大。风电场接入配电网以后，减少了输电网向该地区输送的电力，既缓解了电网的输电压力，也会降低系统的网损，在潮流问题上，主要的研究热点在于风电场的模型。

5. 风电并网 MPPT 的研究

风力发电机是风力发电系统中一个不可缺少的组成部分，其吸收的最大风功率与风速成正系数关系。这就在理论和实践上提出了风电机组最大功率点跟踪（Maximum Power Point Tracking，MPPT）的问题。MPPT 控制就是在不同风速下控制风电机组转速向最佳转速变化，使实际输出功率曲线与最佳功率曲线吻合。

目前国内外学者针对风电中的 MPPT 提出了诸多方法，如爬山法、最大功率比较、功率反馈法、叶尖速比法、模糊控制法、混合控制法。爬山法以其实现方法简单，既不需要测量风速，也不需要测量风机机械功率特性，是目前应用广泛的最大风能捕捉算法。然而传统爬山算法在设定参考转速时的变化步长是固定的，不能兼顾快速性和稳定性，不能同时适应风速随机快速变化的场合和风速稳定的场合。而模糊控制法却可以根据外界环境的变化动态的改变步长，具有追踪速度快以及稳态功率波动小等优点。

6. 风电并网的其他问题

风电场出力预测水平不高，制定相应的发电计划就变得十分困难，而且风电场作为电源的可靠性没有保证，随着风电容量的增加，地方电网调度的压力也会增加，风电场电力系统的运行计划、经济调度也一度成为研究热点。频率控制对电力系统的稳定运行与安全是必不可少的，随着风电穿透功率的增长，确保风电并网后电力系统连续运行的频率安全性和频率稳定性是风电研究中重要的课题之一。

1.3.2　光伏发电并网研究现状

目前太阳能利用主要有光热利用、光伏利用和光化学利用等三种主要形式。由于光伏组件的主要原料硅的储量非常丰富，随着太阳能电池研究的快速发展、转换效率的不断提高和与之相关的技术进展，光伏发电成本已呈快速下降趋势。可以预见，光伏发电将在人类未来的能源利用结构中占据越来越重要的地位。

1. 高性能逆变器

逆变器是光伏电站的重要构成部分，主要的技术重点就是协调运行与集群，通过技术手段有效的降低逆变器之间的不利影响，使逆变器集群作为一个整体稳定运行。在这一过程中需要解决诸多问题，如不同光伏逆变器拓扑结构及特点，主要包括单级式和两级式拓扑，带变压器隔离型和不带变压器非隔离型逆变器，逆变器的控制技术等。

2. 最大功率跟踪技术

光伏阵列是光伏发电系统中一个不可缺少的组成部分，其最大输出功率与温度成负系数关系，而与光照强度成正系数关系，这就在理论和实践上提出了光伏阵列最大功率点跟踪问题。光伏发电系统最大功率跟踪策略，是指通过一定的控制法调节负载阻抗，以使光伏系统输出最大功率，实现方式有基于采样数据的直接控制法、基于参数选择方式的间接控制法和基于现代控制理论的智能控制法。

基于采样数据的直接控制法包括扰动观测法、电导增量法、实际测量法、寄生电容法等，该方法跟踪精度较高，目前应用广泛；基于参数选择方式的间接控制法，包括恒定电压法、短路电流比例系数法、曲线拟合法、查表法等，该方法需要拟定一个初始值作为控制的基础，跟踪误差相对较大；基于现代控制理论的智能控制法，该方法主要有模糊逻辑控制法、人工神经元网络控制法等，该方法跟踪精度高但实现过程复杂，对被控对象的数学模型准确性要求较低，适合复杂的大型光伏发电系统。以上各种最大功率跟踪技术各有优缺点，在实践应用中应根据成本、应用环境等综合选择。

3. 孤岛效应检测技术

孤岛效应检测技术是光伏发电并网必须具备的保护功能之一。当供电网因故障原因停电或需要停电检修时，各用户端的光伏发电并网系统必须对供电网的停电状态进行检测，并能及时从电网中切离。一般来说，孤岛效应可能对整个配电系统设备及用户端的设备造成不利的影响。由此可见，作为一个安全可靠的并网逆变装置，必须能及时检测出孤岛效应并避免所带来的危害。

孤岛效应的检测技术主要分为主动式检测法和被动式检测法。主动式检测法有电压扰动法、功率扰动法、频率扰动法；被动式检测法有电压频率检测法、电压谐波检测法、相位跳变检测法。

主动式检测法检测精度高，非检测区小，但是控制较复杂，且降低了逆变器输出电能的质量；被动式检测法的实现比较容易，该方法的经济性较好，但当光伏系统输出功率与局部负载功率平衡时，被动式检测法将失去孤岛效应检测能力，存在较大的非检测区域，因此使用被动式检测法时要求非检测区尽量小，并且要避免多台逆变器并联时多机检测的相互影响。

主动式检测法、被动式检测法都存在各自的优点和局限性。在实践应用中为较好地解决孤岛检测问题，并网逆变器的反孤岛策略可以采用被动式检测方案加上一种主动式检测方案相结合的方式。

1.3.3　并网型微网能量优化管理的研究

微网能量优化管理根据系统的电热负荷需求、天气情况、市场电价和气价等各类信息，协调微网内众分布式电源及储能装置等，保证微网运行安全稳定，实现微网运行经济最优。微网能量优化管理是微网系统的控制核心问题，是实现新能源高效利用，实现微网系统安全、稳定、经济运行的重要保障。

微网能量优化管理不同于传统电力系统问题，它们之间最大的区别是：微网中新能源发电占比较大，风能、太阳能等间歇性新能源的发电量受外界环境影响大，功率输出随机波动，需要一定的控制策略来抑制短时大功率瞬时波动。微网存在的主要意义在于其可实现高能量利用率的热电联产，同时供给电负荷和热负荷，对热电供应进行联合优化。并网模式下的微网能量优化管理需要考虑大电网调度计划、微网与大电网间的能量交互、分布式电源特性、大气环境预测、所采取的电力市场以及实时电价等各方面因素，以实现微网运行效益最大化，微网调度手段灵活，可切除或延缓非敏感性负荷的供电。

综上所述，微网能量优化管理必须从微网整体收益出发，综合电负荷、热负荷要求，电网电价和电网自身的特殊要求，包括对电能质量的要求、需求侧响应策略等信息作出最优决策，以决定微网与大电网间的交互功率、各时段的启停状态及相应出力分配，实现微网中各分布式电源、储能单元及用户负荷之间的最佳匹配。

习　题

1. 简述国外新能源发展现状（美国、欧洲、日本）。
2. 简述我国新能源发展现状。
3. 简述国内外光伏发电并网研究现状。
4. 简述国内外风电并网研究现状。

第2章　光伏发电并网系统的体系结构

通过本章的学习，应能基本掌握光伏发电并网系统的体系结构，包括集中式结构、串型式结构、交流模块式结构、多支路式结构、直流模块式结构、主从式结构等；应能根据电站类型的不同选择合适的光伏发电并网系统体系结构。

光伏发电系统可分为离网光伏发电系统和光伏发电并网系统。离网光伏发电系统不与电力系统的电网相连，作为一种移动式电源，主要用于给边远无电地区供电。光伏发电并网系统与电力系统的电网连接，作为电力系统中的一部分，可为电力系统提供有功和无功电能，通常由光伏阵列、逆变器和电网三部分构成。现在，世界上采用的主流应用方式是光伏并网发电方式，即光伏发电系统通过并网逆变器与当地电网连接，通过电网将光伏发电系统所发的电能进行再分配，如供当地负载或进行电力调峰等。其中，光伏阵列主要由光伏组件组成，其应用可以分为单个组件、组件串联及组件并联等。

众所周知，光伏发电系统追求最大的发电功率输出，系统结构对发电功率有着直接的影响：一方面，光伏阵列的分布方式会对发电功率产生重要影响；而另一方面，逆变器的结构也将随功率等级的不同而发生变化。因此，根据光伏阵列的不同分布以及功率等级，可以把光伏发电并网系统体系结构分为 6 种，即集中式、串型式、交流模块式、多支路式、直流模块式和主从式结构。各种结构的使用方式不同，发展趋势也各异。在大功率等级方面，集中式结构仍然占主导地位，主从结构以及多支路结构也将会被采用；在小功率方面，随着家庭用户的增加以及建筑一体化技术的发展，交流模块式和直流模块式结构得到很好的发展，串型结构以及多支路结构也会应用到其中。

2.1　集　中　式　结　构

集中式结构是将所有的光伏组件通过串并联方式构成光伏阵列，并产生一个足够高的直流电压，然后通过一个逆变器集中将直流转换为交流并把能量输入电网，如图 2.1 所示。集中式结构是 20 世纪 80 年代中期光伏发电并网系统中最常用的结构型式，一般用于 10kW 以上较大功率的光伏并网系统。

（1）集中式结构存在如下优点：

1）系统只采用一台逆变器，因而结构简单且逆变器效率较高。

2）输出功率可达到兆瓦级，适用于功率等级较大的场合。

3）单位发电成本低，与电网友好。

（2）集中式结构存在如下缺点：

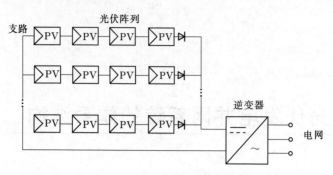

图 2.1 集中式结构

1）光伏阵列的特性曲线出现复杂多波峰，很难实现良好的最大功率点跟踪。

2）抗热斑和抗阴影能力差，系统功率失配现象严重。

3）阻塞和旁路二极管增加了系统的损耗。

4）这种结构需要相对较高电压的直流母线，直流电压高易拉弧，降低了系统的安全性。

5）系统扩展和冗余能力差。

虽然存在以上不足，但随着光伏电站的功率越来越大，因此这种结构仍然具有一定的运用价值。

2.2 串型式结构

为了提高光伏逆变器 MPPT 跟踪精度，串型结构逐渐被应用到大型光伏电站中。与传统集中式光伏发电系统相比，串型式结构由于其多路 MPPT 跟踪、系统损耗较小、发电量高、系统配置灵活性、维护方便等特点，可以有效提高投资回报。串型式结构综合了集中式和交流模块式两种结构的优点，将光伏组件通过串联构成光伏阵列给光伏发电并网系统提供能量，如图 2.2 所示。一般串型式结构光伏阵列功率等级可以达到几千瓦左右，民用居多。

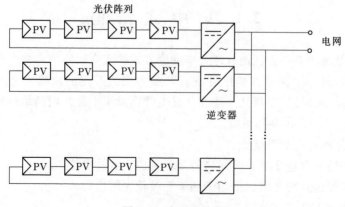

图 2.2 串型式结构

（1）相较于集中式结构，串型式结构存在如下优点：

1）光伏阵列与逆变器直接相连，不需要直流母线。

2）结构中省去了阻塞二极管，阵列损耗低。

3）抗热斑和抗阴影能力增加，多串 MPPT 设计，运行效率高。

4）系统扩展和冗余能力增强。

（2）串型式结构存在如下缺点：

1）系统仍有热斑和阴影问题。

2）逆变器数量增多，扩展成本高，逆变效率略下降。

一个串型式结构的最大输出功率一般为几千瓦。如果用户所需功率较大，可将多个串型式结构并联工作，具有交流模块式结构的集成化模块特征。由于每个串联光伏阵列配备一个 MPPT 控制电路，该结构只能保证每个光伏组件串的输出达到当前总的最大功率点，而不能确保每个光伏组件都输出在各自的最大功率点，串型式结构仍然存在串联功率失配和串联多波峰问题。

基于串型式逆变器的系统由于其多路 MPPT 跟踪、系统损耗较小、发电量高、系统配置灵活性、维护方便等特点，在复杂多变的分布式系统中，能明显的体现其优势，随着大型地面电站区域的逐渐东移和建设用地地形的逐渐复杂化，通过增加 MPPT 跟踪路数来提高系统发电量逐渐成为一种较为容易实现的途径，因此也为串型式系统创造了肥沃的生长土壤。

集中式光伏系统比串型式系统投资成本较低，适用在朝向一致、环境单一的平地光伏电站，串型式系统由于其自身特点适宜用在复杂多变的分布式系统中和朝向不一的山地光伏电站。因此，在实际应用中，需结合地形地貌、环境变量、投资成本、发电量等方面加以选择使用何种系统构架，以便取得更为理想的投资回报。

2.3 交流模块式结构

交流模块式结构，最早由 Kleinkauf 教授于 20 世纪 80 年代提出，交流模块式结构是指把并网逆变器和光伏组件集成在一起作为一个光伏发电系统模块，如图 2.3 所示。

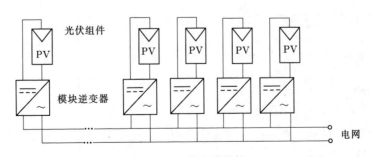

图 2.3 交流模块式结构

（1）交流模块式结构与集中式结构相比，具有如下优点：

1）每个模块独立 MPPT 设计，最大限度地提高了系统发电效率。

2）每个模块独立运行，系统扩展和冗余能力强。

3）无阻塞和旁路二极管，光伏组件损耗低。

4）无热斑和阴影问题。

5）交流模块式结构没有直流母线高压，增加了整个系统工作的安全性。

（2）交流模块式结构存在如下缺点：

1）采用小容量逆变器设计，逆变效率相对较低。

2）交流光伏模块的功率等级较低，一般在 50～400W。

3）交流模块式结构的价格远高于其他结构类型。

虽然存在以上不足，但随着国内外光伏屋顶计划、建筑一体化的推进，这种结构也将得到大量的应用。

2.4　多支路式结构

多支路式结构是由多个 DC/DC 变换器、一个 DC/AC 逆变器构成，其综合了串型式结构和集中式结构的优点，具体实现形式主要有串联型多支路结构和并联型多支路结构两种，如图 2.4 所示。在 20 世纪末时，光伏发电系统大多使用多支路电路拓扑，该结构提高了光伏发电并网系统的功率，降低了系统单位功率的成本，提高了系统的灵活性，已成为光伏发电并网系统结构的主要发展趋势。

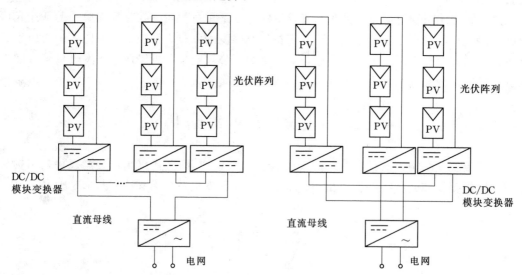

图 2.4　多支路式结构

多支路式结构存在如下优点：

（1）每个 DC/DC 变换器及连接的光伏阵列拥有独立的 MPPT 电路，所有的光伏阵列可独立工作在最大功率点。

（2）集中的并网逆变器设计使逆变效率提高、系统成本降低、可靠性增强。

（3）多支路系统中某个 DC/DC 变换器出现故障，系统仍然能够维持工作，具有良好的可扩充性。

（4）逆变器额定功率不受限制。

（5）适合于光伏建筑一体化的分布式能源系统。

2.5 直流模块式结构

直流模块式结构将并联多支路式结构与交流模块式结构相结合，由光伏直流建筑模块和集中逆变模块构成，如图 2.5 所示。光伏直流建筑模块是将光伏组件、高增益 DC/DC 变换器和表面建筑材料通过合理的设计集成为一体，构成具有光伏发电功能的、独立的、即插即用的表面建筑元件。集中逆变模块的主要功能是将大量并联在公共直流母线上的光伏直流建筑模块发出的直流电能逆变为交流电能且实现并网功能，同时控制直流母线电压恒定，保证各个光伏直流建筑模块正常并联运行。

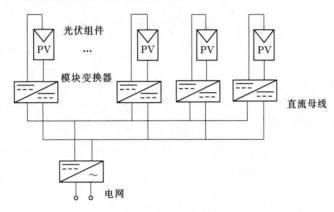

图 2.5　直流模块式结构

直流模块式结构存在如下优点：

（1）每一个光伏直流建筑模块具有独立的 MPPT 电路，能量转化效率高。

（2）抗局部阴影能力强，适合在建筑物中应用。

（3）采用模块化设计，系统构造灵活。

（4）易于标准化，降低系统成本等。

2.6 主从式结构

主从式结构不同于上述传统并网系统结构，是一种新型的光伏发电并网系统体系结构，是光伏发电并网系统结构发展的趋势。它通过控制组协同开关，来动态决定在不同的外部环境下光伏发电并网系统结构，以期达到最佳的光伏能量利用效率，如图 2.6 所示。

随着外部环境的不同构成不同结构，其功率等级是经由组协同开关动态调整的，并且每一支路都

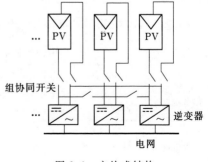

图 2.6　主从式结构

具有独立的 MPPT 电路，因此可以得到更高效率的功率输出。当外部光照强度较低时，控制组协同开关使所有的光伏组件或单一支路只和一个逆变器相连，构成为集中式结构，从而克服了逆变器轻载低效之不足。随着光照强度的不断增大，组协同开关将动态调整光伏组件的结构，使不同规模的光伏组件和相应等级的逆变器相连，从而达到最佳的逆变效率以提高光伏能量利用率，此时，系统结构变成了多个串型式结构同时并网输出。

2.7　不同类型光伏电站并网系统体系结构选型分析

2.7.1　大型荒漠光伏电站

大型荒漠光伏电站并网系统体系结构选择对比，见表 2.1。

表 2.1　　　　　　　　　　大型荒漠光伏电站并网系统体系结构选择对比

大型荒漠光伏电站	串型式	集中式
系统可靠性	交流侧多台并联运行，控制复杂程度高，相互间易受谐波、环流干扰，多台并联运行稳定性低	交流侧经变压器解耦并联、台数少，受谐波分量影响小，并联运行稳定性高
	可采用通信基站实现无线通信，故障率低、易排查，保障系统稳定可靠	采用传统综合布线技术，布线距离长，易受电磁环境干扰，故障不易排查
发电量	削弱 MPPT、弱光利用优势，发电量提升程度有待验证	组件间距小时，冬季遮挡影响发电量
系统维护	免维护，备用机替换容易，维修时间短，电量损失小	定期维护，故障机只能现场修复，维修时间长，电量损失大
安全性	直流侧安全性高，交流侧对于电网友好性、适应性缺乏大规模长时间应用验证	常规应用，技术成熟，直流侧易故障起火，交流侧安全性有保障，已经过长时间验证
项目案例	少	普遍
建设成本	串型式比集中式成本高 0.25 元/W	
结论	大型荒漠光伏电站建议以集中式为主，在难以保证光伏组件间距时可采用串型式	

对于大型荒漠光伏电站而言，从安全性、可靠性、建设成本看，集中式有一定优势，现有串型式系统效率提升缺乏数据支撑。因此在大型荒漠地面电站中，集中式逆变器仍占主导地位。

2.7.2　山地光伏电站

山地光伏电站并网系统体系结构选择对比，见表 2.2。

表 2.2　　　　　　　　　　山地光伏电站并网系统体系结构选择对比

山地光伏电站	串型式	集中式
系统可靠性	交流侧多台并联运行，控制复杂程度高，相互间易受谐波、环流干扰，多台并联运行稳定性低	交流侧经变压器解耦并联、台数少，受谐波分量影响小，并联运行稳定性高
发电量	串型式配置容量低，MPPT 跟踪精度高，组件排列一致性差，失配损失小，效率提升明显，发电量高	集中式容量高，MPPT 跟踪精度低，不利于发挥规模优势，失配损失大，降低发电量

续表

山地光伏电站	串 型 式	集 中 式
安装	外挂式，安装位置灵活，不需要设备房，可配置小容量升压变，设备方便运输，施工难度低，相比集中式建设成本低 0.1 元/W	合适的安装位置难找，需要建设设备房，设备安装难度高，成本高
系统维护	免维护，备用机替换容易，维修时间短，电量损失小	定期维护，故障机只能现场修复，维修时间长，电量损失大
安全性	直流侧安全性高，交流侧对于电网友好性、适应性缺乏大规模长时间应用验证	常规应用，技术成熟，直流侧易故障起火，交流侧安全性有保障，已经过长时间验证
项目案例	少	普遍
建设成本	串型式比集中式成本高 0.15～0.25 元/W	
结论	山地光伏电站建议采用串型式、集中式复合并网方案，依据地形地貌发挥各自优势	

对于山地光伏电站而言，从安全性、可靠性、建设成本看，集中式占优势；但由于地形地貌复杂多变，串型式效率高、组串配置、安装方式灵活方面占优势，因此建议采用串型式、集中式复合并网方案。

2.7.3 屋顶光伏电站

屋顶光伏电站并网系统体系结构选择对比，见表 2.3。

表 2.3 　　　　　　　　屋顶光伏电站并网系统体系结构选择对比

屋顶光伏电站	串 型 式	集 中 式
规模容量较小	组件配置容量小、灵活，克服屋顶情况复杂、安装局限性的特点	组件配置容量大，支路多，配置不灵活，组串间失配损失较大
系统可靠性	规模小、台数少、多低压并网，可靠性容易保障	低压并网受容量限制，多升压并网，技术成熟，可靠性高
发电量	MPPT 优势明显，失配损失小，效率高，发电量提升明显，自耗电低	不利于发挥规模优势，失配损失高，MPPT 效率低，自耗电高
中低压并网	低压并网有优势	容量导致低压并网不方便
安装	外挂式，安装位置灵活，不需要设备房，设备方便运输，施工难度低，相比集中型建设成本低 0.1 元/W	合适的安装位置难找，需要建设设备房，设备安装难度高，走线路径长，成本高、损耗高
系统维护	免维护，备用机替换容易，维修时间短，电量损失小	定期维护，故障机只能现场修复，维修时间长，电量损失大
安全性	串型式直流侧无汇流箱、直流走线短，有效降低火灾风险；系统容量小，交流侧并联节点数量降低，可靠性有保障，适用于火灾防护等级要求高且容量不大的分布式发电屋顶系统	集中式直流侧有汇流箱、走线长，易发生拉弧起火，造成厂房起火，扩大损失；单台容量大，受并网点上级变压器容量限制，对用户配电网友好性降低
项目案例	增多趋势，主流方案	减少趋势，逐渐淘汰
建设成本	低压并网时，串型式比集中式成本高 0.12 元/W	
结论	屋顶光伏电站建议采用串型式并网方案，规避屋顶及并网限制，提高安全性	

对于屋顶光伏电站而言，集中式建设成本稍低；串型式结构在安全性保障、灵活性、能效性方面更有优势，体现在防范火灾、发电量提升等方面；因此目前屋顶光伏电站中串型式结构已逐渐成为主流。

习　　题

1. 根据光伏阵列的不同分布以及功率等级，说明光伏发电系统体系结构类型有哪些？
2. 简述交流模块式结构的特点。
3. 简述直流模块式结构的特点。
4. 简述主从式结构的工作原理。
5. 简述集中式结构的特点。
6. 简述串型式结构的特点。
7. 简述多支路式结构的特点。
8. 简述串型式结构与集中式结构区别。
9. 简述不同类型光伏电站并网系统体系结构选型依据。

第3章 光伏发电并网逆变器的电路拓扑

通过本章的学习，应能掌握光伏发电并网逆变器的电路拓扑，包括隔离型光伏发电并网逆变器、非隔离型光伏发电并网逆变器、多支路光伏发电并网逆变器和微型逆变器。

本章首先介绍了光伏发电并网逆变器的分类。其次具体说明了隔离型逆变器，包括工频隔离型逆变器中的单相电压型逆变电路、三相全桥电压型逆变电路和 DC/DC 变换型、周波变换型高频隔离型逆变器。再次介绍了单级和多级非隔离型逆变器，重点介绍基于 Boost 和双模式 Boost 多级非隔离型逆变器；非隔离型逆变器存在的直流分量、共模电流问题以及解决方法。最后介绍多支路逆变器和微型逆变器。

逆变器技术的发展始终与功率器件及其控制技术的发展紧密结合，从开始发展至今经历了 5 个阶段。第一阶段为 20 世纪五六十年代，晶闸管 SCR 的诞生为正弦波逆变器的发展创造了条件；第二阶段为 20 世纪 70 年代，可关断晶闸管 GTO 及双极型晶体管 BJT 的问世，使得逆变技术得到发展和应用；第三阶段为 20 世纪 80 年代，功率场效应管、绝缘栅型晶体管、MOS 控制晶闸管等功率器件的诞生为逆变器向大容量方向发展奠定了基础；第四阶段为 20 世纪 90 年代，微电子技术的发展使新的控制技术，如矢量控制、多电平变换、重复控制、模糊控制等技术在逆变领域得到了较好的应用，极大地促进了逆变器技术的发展；第五阶段为 21 世纪初，逆变技术的发展随着电力电子技术、微电子技术和现代控制理论的进步不断改进，逆变技术正朝着高频化、高效率、高功率密度、高可靠性、智能化的方向发展。

3.1 光伏发电并网逆变器的分类

逆变器是并网型光伏系统能量转换与控制的核心，它将太阳能电池产生的直流电通过电力电子变换技术转换为能够直接并入电网、负载的交流能量。逆变器性能不仅是影响和决定整个系统是否能够稳定、安全、可靠、高效地运行，同时也是影响整个系统使用寿命的主要因素。光伏发电并网技术日益成为研究热点，逆变器作为光伏阵列与电网的接口设备，其拓扑结构决定着整个发电系统的效率和成本，是影响系统可靠运行的关键因素。由于逆变器的结构拓扑种类众多、性能特点各异，其原理分析和性能比较，对于拓扑结构的合理选择，提高系统效率和降低生产成本有着极其重要的意义。

（1）按照隔离方式分。根据有无隔离变压器，逆变器可分为隔离型和非隔离型，在隔离型逆变器中，又可以根据隔离变压器的工作频率，将其分为工频隔离型（Line - Frequency Transformer，LFT）和高频隔离型（High - Frequency Transformer，HFT）两类，如图3.1所示。在非隔离型逆变器中，按照功率变换的级数分类，将其分为单级非隔离型和多级非隔离型两类。光伏发电并网逆变器发展之初多采用工频变压器隔离的方式，但由于其体积、重量、成本方面的明显缺陷。近年来高频变压器隔离方式的逆变器发展较快，非隔离式逆变器以其高效率、控制简单等优势也逐渐获得认可，目前已经在欧洲开始推广应用，但需要解决可靠性、共模电流等关键问题。

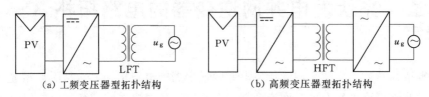

(a) 工频变压器型拓扑结构　　　　　　　(b) 高频变压器型拓扑结构

图3.1　变压器型拓扑结构

（2）按照输出相数分。可以分为单相和三相逆变器两类，中小功率场合一般多采用单相方式，大功率场合多采用三相逆变器。按照功率等级进行分类，可分为功率小于1kW的小功率并网逆变器，功率等级1～50kW的中等功率逆变器和50kW以上的大功率逆变器。

（3）按照功率流向进行分。可分为单方向功率流和双方向功率流并网逆变器两类。单向功率流并网逆变器仅用作并网发电，双向功率流并网逆变器除用作并网发电外，还能用作整流器，改善电网电压质量和负载功率因素。近几年双向功率流并网逆变器开始获得关注，是未来的发展方向之一。

（4）按照拓扑结构分。目前采用的拓扑结构有全桥逆变拓扑、半桥逆变拓扑、多电平逆变拓扑、推挽逆变拓扑、正激逆变拓扑和反激逆变拓扑等，其中高压大功率光伏发电并网逆变器可采用多电平逆变拓扑，中等功率光伏发电并网逆变器多采用全桥、半桥逆变拓扑，小功率光伏并网逆变器采用正激、反激逆变拓扑。

从技术层面讲，大功率逆变器和小功率逆变器是未来的两个主要发展方向，其中小功率逆变器（微逆变器）最具发展潜力和市场应用前景，高频化、高效率、高功率密度、高可靠性和高度智能化是未来的发展方向。

3.2　隔离型光伏发电并网逆变器

在光伏发电并网系统中，逆变器的主要作用是将光伏阵列产生的直流电转换成与电网同频率的交流电并将电能馈入电网。通常可使用一个变压器将电网与光伏阵列隔离，系统中将具有隔离变压器的逆变器称为隔离型逆变器。

3.2.1　工频隔离型光伏发电并网逆变器

3.2.1.1　工频隔离型光伏发电并网逆变器结构

工频隔离型是光伏发电并网系统中最常用的逆变器结构，也是目前市场上使用最多的光伏发电并网逆变器类型，其结构如图3.1（a）所示，光伏阵列发出的直流电能通过逆变器转化为50Hz的交流电能，再经过工频变压器输入电网，该工频变压器同时完成电压匹配以及隔离功能。工频隔离型逆变器结构具有如下优点：①主电路和控制电路相对简单，而且光伏阵列直流输入电压的匹配范围较大；②由于变压器的隔离可以有效地防止当人接触到光伏阵列侧的正极或者负极时，电网电流通过桥臂形成回路对人构成的伤害，提高了系统安全性；③保证了系统不会向电网注入直流分量，有效地防止了配电变压器的饱和。但同时存在问题：①工频变压器具有体积大、质量重、噪声高、效率低等缺点；②工频变压器的存在还增加了系统损耗、成本，并增加了运输、安装的难度。

工频隔离型光伏发电并网逆变器是最早发展和应用的一种光伏发电并网逆变器主电路形式，随着逆变技术的发展，在保留隔离型光伏发电并网逆变器优点的基础上，为减小逆变器的体积和质量，高频隔离型光伏发电并网逆变器结构便应运而生。

兆瓦级光伏发电并网系统中，隔离工频变压器对系统效率的影响，如图 3.2 所示。

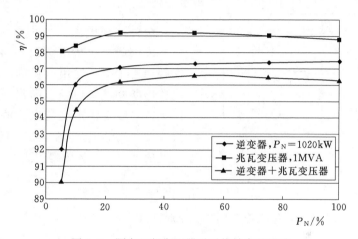

图 3.2　隔离工频变压器对系统效率的影响

3.2.1.2　单相电压型逆变电路

1. 半桥

在直流侧接有两个相互串联的足够大的电容，两个电容的连结点便成为直流电源的中点，负载连接在直流电源中点和两个桥臂连结点之间。

半桥逆变电路的工作原理为：设开关器件 VT_1 和 VT_2 的栅极信号在一个周期内各有半周正偏，半周反偏，且两者互补。输出电压 U_0 为矩形波，其幅值为 $U_m = U_d/2$。电路带阻感负载，t_2 时刻给 VT_1 关断信号，给 VT_2 开通信号，则 VT_1 关断，但感性负载中的电流 i_0 不能立即改变方向，于是 VD_2 导通电流，当 t_3 时刻 i_0 降零时，VD_2 截止，VT_2 开通，i_0 开始反向，此时电流波形，如图 3.3 所示。

VT_1 或 VT_2 导通时，i_0 和 U_0 同方向，直流侧向负载提供能量；VD_1 或 VD_2 导通时，i_0 和 U_0 反向，电感中储能向直流侧反馈。VD_1、VD_2 称为反馈二极管，它又起着使负载电流连续的作用，又称续流二极管。

半桥逆变电路的优点是结构简单，使用器件少；其缺点是输出交流电压的幅值 U_m 仅为 $U_d/2$，且直流侧需要两个电容器串联，工作时还要控制两个电容器电压的均衡。因此，半桥电路常用于几千瓦以下的小功率逆变电源。

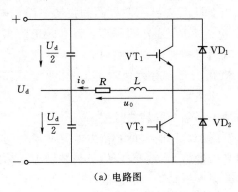

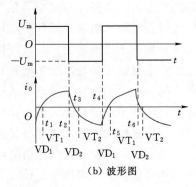

（a）电路图　　　　　　　　　　（b）波形图

图 3.3　单相半桥电压型逆变电路及其工作波形图

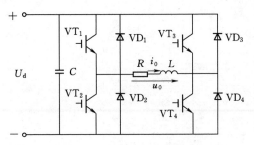

图 3.4　全桥逆变电路

2. 全桥

全桥逆变电路，如图 3.4 共四个桥臂，可看成由两个半桥电路组合而成。两对桥臂交替导通 180°，输出电压和电流波形与半桥电路形状相同，但幅值高出一倍，在这种情况下，要改变输出交流电压的有效值只能通过改变直流电压 U_d 来实现，U_d 的矩形波 U_0 展开成傅里叶级数可得

$$u_0(t) = \frac{4U_d}{\pi}\left(\sin\omega t + \frac{1}{3}\sin3\omega t + \frac{1}{5}\sin5\omega t + \cdots\right) \tag{3.1}$$

其中基波的幅值 U_{01m} 和基波有效值 U_{01} 分别为

$$U_{01m} = \frac{4U_d}{\pi} = 1.27U_d \tag{3.2}$$

$$U_{01} = \frac{2\sqrt{2}U_d}{\pi} = 0.9U_d \tag{3.3}$$

移相调压方式如图 3.4 所示，VT_3 的基极信号比 VT_1 落后 $\theta(0° < \theta < 180°)$。$VT_3$、$VT_4$ 的栅极信号分别比 VT_2、VT_1 的前移（$180° - \theta$），输出电压是正负各为 θ 的脉冲。

工作过程如图 3.5 所示，t_1 时刻前 VT_1 和 VT_4 导通，$U_0 = U_d$。t_1 时刻 VT_4 截止，而因负载电感中的电流 i_0 不能突变，VT_3 不能立刻导通，VD_3 导通电流，$U_0 = 0$。t_2 时刻 VT_1 截止，而 VT_2 不能立刻导通，VD_2 导通电流，和 VD_3 构成电流通道，$U_0 = -U_d$。当负载电流过零并开始反向时，VD_2 和 VD_3 截止，VT_2 和 VT_3 开始导通，U_0 仍为 $-U_d$。t_3 时刻 VT_3 截止，而 VT_4 不能立刻导通，VD_4 导通电流，U_0 再次为零，改变 θ 就可调节输出电压。

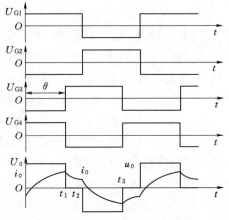

图 3.5　全桥逆变电路工作波形

3.2.1.3 三相全桥电压型逆变电路

1. 逆变电路

三相工频隔离系统如图 3.6 所示，在 $U_{rU} > U_0$ 的各区间，给上桥臂电力晶体管 VT_1 以导通驱动信号，而给下桥臂 VT_4 以关断信号，于是 U 相输出电压相对直流电源 U_d 中性点 N 为 $U_{UN'} = U_d/2$。在 $U_{rU} < U_0$ 的各区间，给 VT_1 以关断信号，VT_4 为导通信号，输出电压 $U_{UN'} = -U_d/2$。电路中二极管 $VD_1 \sim VD_6$ 是为电感性负载换流过程提供电流回路，其他两相的控制原理与 U 相相同。三相桥式 PWM 变频电路的三相输出的 PWM 波形分别为 $U_{UN'}$、$U_{VN'}$ 和 $U_{WN'}$。

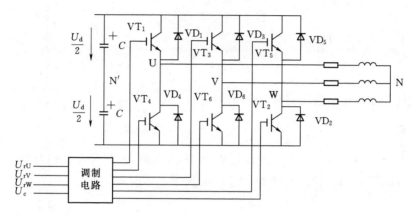

图 3.6　三相工频隔离系统

三相全桥电压型逆变电路如图 3.7 所示，基本工作方式为 $180°$ 导电型，即每个桥臂的导电角为 $180°$，同一相上下桥臂交替导电的纵向换流方式，各相开始导电的时间依次相差 $120°$。在一个周期内，6 个开关管触发导通的次序为 VT_1、VT_2、VT_3、VT_4、VT_5、VT_6，依次相隔 $60°$，任意时刻均有 3 个管子同时导通，导通的组合顺序为 $VT_1 VT_2 VT_3$、$VT_2 VT_3 VT_4$、$VT_3 VT_4 VT_5$、$VT_4 VT_5 VT_6$、$VT_5 VT_6 VT_1$、$VT_6 VT_1 VT_2$ 每种组合工作 $60°$。

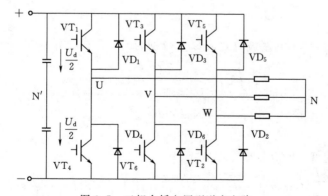

图 3.7　三相全桥电压型逆变电路

2. 工作波形

对于 U 相输出来说，当桥臂 VT_1 导通时，$U_{UN'} = U_d/2$，当桥臂 VT_4 导通时，$U_{UN'} =$

$-U_d/2$，$U_{UN'}$ 的波形是幅值为 $U_d/2$ 的矩形波，V、W 两相的情况和 U 相类似。负载线电压 U_{UV}、U_{VW}、U_{WU} 求解为

$$\left.\begin{array}{l} U_{UV}=U_{UN'}-U_{VN'} \\ U_{VW}=U_{VN'}-U_{WN'} \\ U_{WU}=U_{WN'}-U_{UN'} \end{array}\right\} \tag{3.4}$$

负载各相的相电压分别为

$$\left.\begin{array}{l} U_{UN}=U_{UN'}-U_{NN'} \\ U_{VN}=U_{VN'}-U_{NN'} \\ U_{WN}=U_{WN'}-U_{NN'} \end{array}\right\} \tag{3.5}$$

把上面各式相加并整理可求得

$$U_{NN'}=\frac{1}{3}(U_{UN'}+U_{VN'}+U_{WN'})-\frac{1}{3}(U_{UN}+U_{VN}+U_{WN}) \tag{3.6}$$

设负载为三相对称负载，则有，故可得 $U_{UN}+U_{VN}+U_{WN}=0$。

$$U_{NN'}=\frac{1}{3}(U_{UN'}+U_{VN'}+U_{WN'}) \tag{3.7}$$

负载参数已知时，可以由 U_{UN} 的波形求出 U 相电流 i_U 的波形，把桥臂 VT_1、VT_3、VT_5 的电流加起来，就可得到直流侧电流 i_d 的波形，如图 3.8 所示，可以看出 i_d 每隔 60° 脉动一次。

把输出线电压 U_{UV} 展开成傅里叶级数得

$$\begin{aligned} u_{UV}(t) &= \frac{2\sqrt{3}U_d}{\pi}\left(\sin\omega t-\frac{1}{5}\sin5\omega t-\frac{1}{7}\sin7\omega t+\frac{1}{11}\sin11\omega t+\frac{1}{13}\sin13\omega t-\cdots\right) \\ &= \frac{2\sqrt{3}U_d}{\pi}\left[\sin\omega t+\sum_n\frac{1}{n}(-1)^k\sin n\omega t\right] \end{aligned} \tag{3.8}$$

式中　　n——取值 $6k\pm1$，k 为自然数。

输出线电压有效值 U_{UV} 为

$$U_{UV}=\sqrt{\frac{1}{2\pi}\int_0^{2\pi}u_{UV}^2(t)\mathrm{d}\omega t}=0.816U_d \tag{3.9}$$

其中基波幅值 U_{UV1m} 和基波有效值 U_{UV1} 分别为

$$U_{UV1m}=\frac{2\sqrt{3}U_d}{\pi}=1.1U_d \tag{3.10}$$

$$U_{UV1}=\frac{U_{UV1m}}{\sqrt{2}}=\frac{\sqrt{6}}{\pi}U_d=0.78U_d \tag{3.11}$$

把 U_{UN} 展开成傅里叶级数得

$$\begin{aligned} u_{UN}(t) &= \frac{2U_d}{\pi}\left(\sin\omega t+\frac{1}{5}\sin5\omega t+\frac{1}{7}\sin7\omega t+\frac{1}{11}\sin11\omega t+\frac{1}{13}\sin13\omega t+\cdots\right) \\ &= \frac{2U_d}{\pi}\left(\sin\omega t+\sum_n\frac{1}{n}\sin n\omega t\right) \end{aligned} \tag{3.12}$$

式中　　n——取值 $6k\pm1$，k 为自然数。

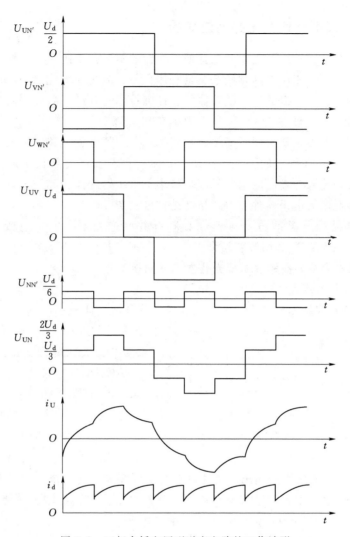

图 3.8 三相全桥电压型逆变电路的工作波形

负载相电压有效值 U_{UN} 为

$$U_{UN} = \sqrt{\frac{1}{2\pi}\int_0^{2\pi} u_{UN}^2(t)\,\mathrm{d}\omega t} = 0.471U_d \qquad (3.13)$$

其中基波幅值 U_{UN1m} 和基波有效值 U_{UN1} 分别为

$$U_{UN1m} = \frac{2U_d}{\pi} = 0.637U_d \qquad (3.14)$$

$$U_{UN1} = \frac{U_{UN1m}}{\sqrt{2}} = 0.45U_d \qquad (3.15)$$

为了防止同一相上下两桥臂的开关器件同时导通而引起直流侧电源的短路，要采取"先断后通"的方法。

3.2.2　高频隔离型光伏发电并网逆变器

高频隔离型与工频隔离型光伏发电并网逆变器的不同在于使用了高频变压器（HFT），与工频变压器（LFT）相比，高频变压器具有体积小、质量轻等优点，因此高频隔离型有着较广泛的应用。值得一提的是，随着器件和控制技术的改进，高频隔离型的效率也可以做得很高，单机容量一般在几千瓦，系统效率在93％以上。

高频隔离型逆变器主要采用了高频链逆变技术。高频链逆变技术的概念是由 Espelage 和 B. K. Bose 于 1977 年提出的。高频链逆变技术用高频变压器替代了低频逆变技术中的工频变压器来实现输入与输出的电气隔离，减小了变压器的体积和质量，并显著提高了逆变器的特性，因此电力电子器件较多，拓扑结构较复杂。

按电路拓扑结构分类的方法来研究高频链并网逆变器，主要包括 DC/DC 变换型（DC/HFAC/DC/LFAC）和周波变换型（DC/HFAC/LFAC）两大类。

3.2.2.1　DC/DC 变换型高频隔离型光伏发电并网逆变器

1. 电路组成与工作模式

DC/DC 变换型高频链逆变器具有电气隔离、质量轻、体积小等优点，其结构如图 3.9

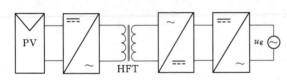

图 3.9　DC/DC 变换型高频链光伏
并网逆变器电路结构示意图

所示。在这种 DC/DC 变换型高频链逆变器中，光伏阵列输出的电能经过 DC/HFAC/DC/LFAC 变换并入电网，其中 DC/AC/HFT/AC/DC 环节构成了 DC/DC 变换器。另外，在 DC/DC 变换型高频逆变器电路结构中，其输入、输出侧分别设计了两个 DC/AC 环节：在输入侧使用的 DC/AC 将光伏阵列输出的直流电能变换成高频交流电能，以便利用高频变压器进行变压和隔离，再经高频整流得到所需电压等级的直流；而在输出侧使用的 DC/AC 则将中间级直流电逆变为低频正弦交流电压，并与电网连接。

由于在 DC/DC 变换器中实现高频化要比在正弦波逆变器中容易得多，而且开关管的工作条件也使得软开关技术非常方便实现，所以在逆变器设计中增加一级 DC/DC 功率环节，非常容易实现变压器高频传输且开关管无开关损耗。

DC/DC 变换型高频链光伏并网逆变器主要有两种工作模式：第一种工作模式如图 3.10 所示，光伏阵列输出的直流电能经过前级高频逆变器变换成等占空比（50％）的高频方波电压，经高频变压器隔离后，由整流电路整流成直流电，然后再经过后级 PWM 逆变器以及 LC 滤波器滤波后将电能馈入工频电网；第二种工作模式如图 3.11 所示，光伏阵列输出的直流电能经过前级高频逆变器逆变成高频正弦脉宽脉位调制（Sinusoidal Pulse Width Position Modulation，SPWPM）波，经高频隔离变压器后，再进行整流滤波成半正弦波形（馒头波），最后经过后级的工频逆变器将电能馈入工频电网。

2. 面积等效原理

将正弦半波分成 N 等份，就可以把正弦半波看成是由 N 个彼此相连的脉冲序列所组成的波形。这些脉冲宽度相等，都等于 π/N，但幅值不等，且脉冲顶部不是水平直线，而

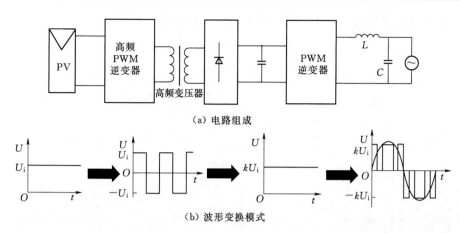

（a）电路组成

（b）波形变换模式

图 3.10　DC/DC 变换型高频链光伏并网逆变器工作模式 1（k 为变压器的电压比）

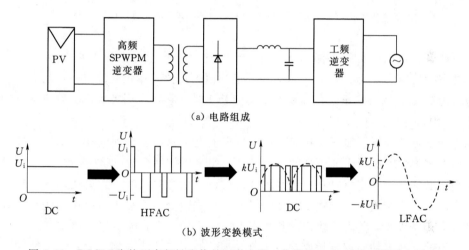

（a）电路组成

（b）波形变换模式

图 3.11　DC/DC 变换型高频链光伏并网逆变器工作模式 2（k 为变压器的电压比）

是曲线，各脉冲的幅值按正弦规律变化。如果把上述脉冲序列利用相同数量的等幅而不等宽的矩形脉冲代替，使矩形脉冲的中点和相应正弦波部分的中点重合，且使矩形脉冲和相应的正弦波部分面积（冲量）相等，这就是 PWM 波形。各脉冲的幅值相等，宽度按正弦规律变化，PWM 波形和正弦半波等效，即面积等效原理。对于正弦波的负半周，也可以用同样的方法得到 PWM 波形，如图 3.12 所示。脉冲列的各脉冲宽度按正弦规律变化（等效平均面积按正弦波变化）的 PWM 波形，称作 SPWM（Sinusoidal PWM）波形。

三点式 PWM 波形，正半周均为正脉冲，负半周均为负脉冲，没有正、负两极性间的跳变，总是单极性跃变，故也称作单极性 PWM。整个波形包含有三种电平，即 $+U_d/2$、0、$-U_d/2$，所以又被称作三电平 PWM。其基波与原正弦波同频率，谐波仍存在，脉冲个数越多，正弦脉宽变化越平滑，则越逼近正弦，谐波亦越小，即开关频率高，则波形好，滤波也容易。

两点式 PWM 波形（双极性 PWM），对应于正弦波的每个半周都是双极性跳变的脉冲序列，在正负两电平间跳变。脉宽按正弦规律变化，在每个等份上的正负面积代数和（平均面积）按正弦规律变化，即符合面积等效原理，如图 3.13 所示。

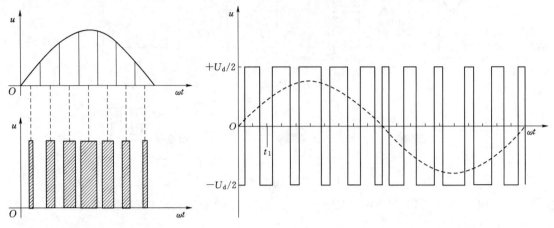

图 3.12 用 PWM 波代替正弦波　　　　　图 3.13 两点式（双极性）PWM 波形

各脉冲的占空比按正弦规律变化：在 $0-t_1$ 这一等份上，对应的正弦波瞬时值为正值，脉冲占空比应大于 50%，正、负面积的平均值为正值。在正弦波过零点附近，脉冲占空比应接近等于 50%，使正、负面积的平均值趋于零。在负半周各等份上对应的脉冲占空比均小于 50%。

两点式 PWM 波形不如三点式 PWM 波形更逼近正弦，要达到同样的基波、谐波成分要求，两点式 PWM 波形需要更高的开关频率，每半周脉冲个数 N 要增大。三点式 PWM 波形采用较低的开关频率可以获得较好的波形质量，故开关损耗小，更适用于大功率逆变器。但实际上，直接输出三点式 PWM 波形的三点式逆变器往往主电路结构比较复杂，使用器件较多。所以，目前直接输出两点式 PWM 波形的两点式逆变器应用较多。

根据 PWM 波形的面积等效原理，要改变等效输出正弦波的幅值时，只要按照同一比例系数改变各脉冲的宽度（占空比）即可，如图 3.14 所示。

3. 关于 SPWPM 调制

所谓的 SPWPM 就是指不仅对脉冲的宽度进行调制而使其按照正弦规律变化，而且对脉冲的位置（简称脉位）也进行调制，使调制后的波形不含有直流和低频成分。图 3.15为 SPWM 波和 SPWPM 波的波形对比图，从图中可以看出：只要将单极性 SPWM 波进行脉位调制，使得相邻脉冲极性互为反向即可得到 SPWPM 波。这样 SPWPM 波中含有单极性 SPWM 波的所有信息，并且是双极三电平波形。但是与 SPWM 低频基波不同，SPWPM 波中基波频率较高且等于开关频率。由于 SPWPM 波中不含低频正弦波成分，因此便可以利用高频变压器进行能量的传输。SPWPM 电压脉冲通过高频变压器后，再将其解调为单极性 SPWM 波，即可获得所需要的工频正弦波电压波形。

3.2.2.2 周波变换型高频隔离型光伏发电并网逆变器

DC/DC 变换型高频链光伏发电并网逆变电路结构中使用了三级功率变换（DC/HFAC/DC/LFAC），由于变换环节较多，因而增加了功率损耗。为了提高高频光伏发电并网逆变电路的效率，希望可以直接利用高频变压器同时完成变压、隔离、SPWM 逆变

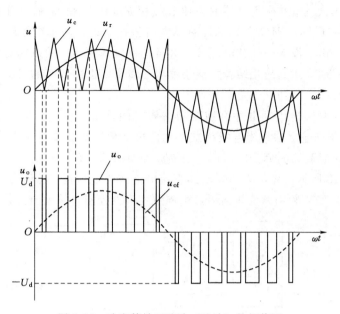

图 3.14 改变等效正弦波（基波）的幅值图

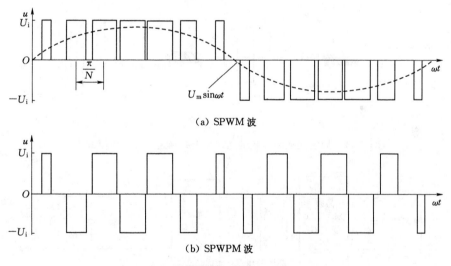

图 3.15 SPWM 波与 SPWPM 波的波形图

的任务，因此，有学者提出了基于周波变换的高频链逆变技术，周波变换型高频链光伏发电并网逆变器的电路结构，如图 3.16 所示。

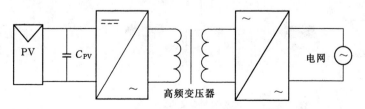

图 3.16 周波变换型高频链光伏发电并网逆变器的电路结构

可见，这类光伏发电并网逆变器的拓扑结构由高频逆变器、高频变压器和周波变换器三部分组成，构成了 DC/HFAC/LFAC 两级电路拓扑结构。功率变换环节只有两级，提高了系统的效率。由于没有中间整流环节，甚至还可以实现功率的双向传输。由于少用了一级功率逆变器，从而达到简化结构、减小体积和质量、提高效率的目的，这为实现并网逆变器的高频、高效、高功率创造了条件。

周波变换型高频链光伏发电并网逆变器主要有两种工作模式：第一种工作模式如图 3.17 所示，光伏阵列输出的直流电能首先经过高频 PWM 逆变器逆变成等占空比（50%）的高频方波电压，经高频隔离变压器后，由周波变换器控制直接输出工频交流电；第二种工作模式如图 3.18 所示，光伏阵列输出的直流电能首先经过高频 SPWPM 逆变器变换成高频 SPWPM 波，经高频隔离变压器后，由周波变换器控制直接输出工频交流电。

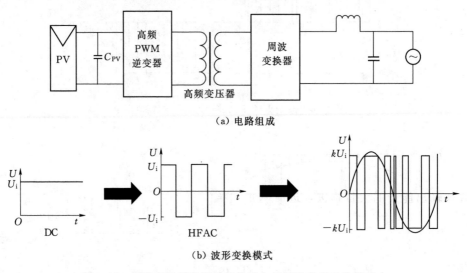

图 3.17 周波变换型高频链光伏发电并网逆变器工作模式 1

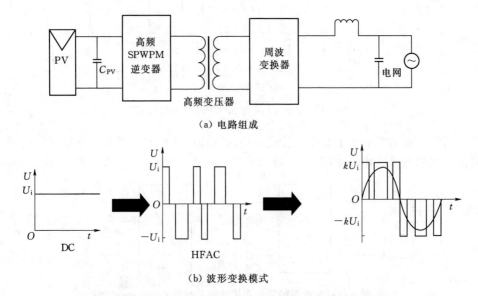

图 3.18 周波变换型高频链光伏发电并网逆变器工作模式 2

3.3 非隔离型光伏发电并网逆变器

为了尽可能地提高光伏系统的效率，降低成本，在不需要强制电气隔离的条件下（有些国家的相关标准规定了光伏系统需强制电气隔离），可以采用无变压器型拓扑方案。非隔离型光伏发电并网逆变器由于省去了笨重的工频变压器，所以具有体积小、质量轻、效率高、成本低等诸多优点，因而这使得非隔离型结构具有很好的发展前景。一般而言，非隔离型光伏发电并网逆变器按结构可以分为单级型和多级型两种。

3.3.1 单级非隔离型光伏发电并网逆变器

单级非隔离型光伏发电并网逆变器结构如图 3.19 所示，单级光伏发电并网逆变器只用一级能量变换就可以完成 DC/AC 并网逆变功能，它具有电路简单、元器件少、可靠性高、效率高、功耗低等诸多优点。

单级型的所有控制都要在一级电路中完成，这样使得整个逆变系统的控制比较复杂；还要保证光伏阵列输出电压在任何时刻都高于并入电网最大电压值，但是单级型结构没有升压功能，为达到并网要求，要将光伏组件串联起来，以提高光伏阵列输入电压等级，而这也带来了光伏阵列输出能量的大量损失，进而使光伏阵

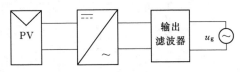

图 3.19 单级非隔离型光伏
发电并网逆变器结构

列输出电压降低，从而不能保证输出电压一直处于高于电网电压，进而影响整个系统正常工作。

当光伏阵列的输出电压满足并网逆变要求且不需要隔离时，可以将工频隔离型光伏并网逆变器各种拓扑中的隔离变压器省略，从而演变出单级非隔离型光伏并网逆变器的各种拓扑，如全桥式、半桥式、三电平式等。

单级非隔离型光伏发电并网逆变器省去了工频变压器，但常规结构的单级非隔离型光伏发电并网逆变器其网侧均有滤波电感，而该滤波电感均流过工频电流，因此也有一定的体积和质量；另外，常规结构的单级非隔离型光伏发电并网逆变器要求光伏组件具有足够的电压以确保并网发电。因此可以考虑一些新思路以解决常规单级非隔离型光伏并网逆变器之不足，以下介绍基于 Buck - Boost 电路的单级非隔离型光伏发电并网逆变器。

为了克服常规结构的单级非隔离型光伏发电并网逆变器质量重、体积大的缺点，提出了一种基于 Buck - Boost 电路的单级非隔离型光伏并网逆变器，其拓扑结构如图 3.20 所示。

Buck - Boost 电路由两组光伏阵列和 Buck - Boost 型斩波器组成，由于采用 Buck - Boost 型斩波器，因此无需变压器便能适配较宽的光伏阵列电压以满足并网要求。两个 Buck - Boost 型斩波器工作在固定开关频率的电流不连续状态（Discontinuous Current Mode，DCM）下，并且在工频电网的正负半周中控制两组光伏阵列交替工作。由于中间储能电感的存在，这种非隔离型光伏发电并网逆变器的输出交流端无需接入流过工频电流

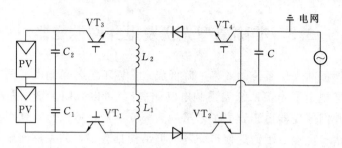

图 3.20　基于 Buck - Boost 电路的单级非隔离型光伏发电并网逆变器电路拓扑

的电感，因此逆变器的体积和质量大为减小。另外，与具有直流电压适配能力的多级非隔离型光伏发电并网逆变器相比，这种逆变系统所用开关器件的数目相对较少。

以下具体分析其逆变器每个阶段的换流过程，如图 3.21 所示，其中粗线描绘表明有电流流过。基于 Buck - Boost 电路的单级非隔离型光伏发电并网逆变器输出功率小于 1kW，主要用于光伏发电并网系统。

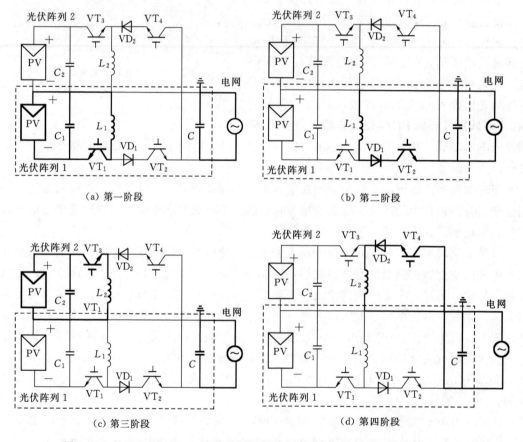

(a) 第一阶段　　　　　　　　　　　　　(b) 第二阶段

(c) 第三阶段　　　　　　　　　　　　　(d) 第四阶段

图 3.21　基于 Buck - Boost 电路的单级非隔离型光伏发电并网逆变器换流过程

第一阶段：VT_1 开通，其他功率管断开，光伏阵列的能量流向 L_1，电容 C 与工频电网并联，具体换流如图 3.21 (a) 所示。

第二阶段：VT_2 开通，其他功率管关断，储存在 C 或 L_1 中的能量释放到工频电网，具体换流如图 3.21（b）所示。

第三、四阶段和前两阶段工作情况类似，但极性相反，具体换流如图 3.21（c）、（d）所示。

通常这种基于 Buck-Boost 电路的单级非隔离型光伏并网逆变器的输出功率小于 1kW，主要用于户用光伏发电并网系统。在这种非隔离系统中，理论上不存在大地漏电流，系统的主电路也比较简单，但由于每组光伏阵列只能在工频电网的半周内工作，因而效率相对较低。

3.3.2 多级非隔离型光伏发电并网逆变器

传统拓扑的非隔离型光伏发电并网系统中，光伏组件输出电压必须在任何时刻都大于电网电压峰值，所以需要光伏组件通过串联来提高光伏系统输入电压等级。但是多个光伏组件串联常常可能由于部分组件被云层等外部因素遮蔽，导致光伏组件输出能量严重损失，光伏组件输出电压跌落无法保证输出电压在任何时刻都大于电网电压峰值，使整个光伏发电并网系统不能正常工作。而且只通过一级能量变换常常难以很好地同时实现最大功率跟踪和并网逆变两个功能，虽然上述基于 Buck-Boost 电路的单级非隔离型逆变器能克服这一不足，但其需要两组光伏阵列连接并交替工作，对此可以采用多级变换的非隔离型光伏发电并网逆变器来解决这一问题。

一般而言多级非隔离型光伏发电并网逆变器的拓扑由两部分构成，包括前级的 DC/DC 变换器和后级的 DC/AC 变换器，如图 3.22 所示。

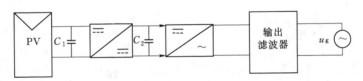

图 3.22 多级非隔离型光伏发电并网逆变器结构图

DC/DC 变换器的电路拓扑选择是多级非隔离型光伏发电并网逆变器的设计关键，从 DC/DC 变换器的效率角度来看，Buck 和 Boost 变换器效率是最高的。由于 Buck 变换器是降压变换器，无法升压，若要光伏发电并网，则必须使得光伏阵列的电压要求匹配在较高等级，这将给光伏发电系统带来很多问题，因此 Buck 变换器很少用于光伏发电并网系统。Boost 变换器为升压变换器，从而可以使光伏阵列工作在一个宽泛的电压范围内，而直流侧光伏组件的电压配置更加灵活；由于通过适当的控制策略可以使 Boost 变换器的输入端电压波动很小，因而提高了最大功率点跟踪的精度；同时 Boost 电路结构与网侧逆变器桥臂的功率管共地，驱动相对简单。可见，Boost 变换器在多级非隔离型光伏发电并网逆变器拓扑设计中是较为理想的选择。

3.3.2.1 基本 Boost 多级非隔离型光伏发电并网逆变器

基本 Boost 多级非隔离型光伏发电并网逆变器的主电路拓扑图如图 3.23 所示，该电路为双级功率变换电路。前级采用 Boost 变换器完成直流侧光伏阵列输出电压的升压功能以及系统的最大功率点跟踪（MPPT），后级 DC/AC 部分一般采用经典的全桥逆变电路完成系统的逆变并网功能。采用 Boost 变换器作为升压变压器，可使光伏阵列工作在一个宽泛的电压范围内，从而完成后级全桥电路的 PWM 调制。

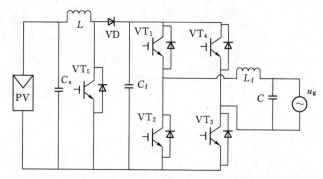

图 3.23　基本 Boost 多级非隔离型光伏发电并网逆变器的主电路拓扑图

　　光伏阵列输出的直流电在前级 Boost 变换器升压后，即可得到满足并网逆变电路直流侧输入电压要求的电压等级。图 3.23 中后级 DC/AC 部分采用了全桥电路拓扑，其中交流侧电感用以滤除高频谐波电流，保证并网电流品质。关于并网逆变的控制将在光伏发电并网逆变器控制策略章详细讨论，以下主要分析其 PWM 调制过程。

　　图 3.24 所示为载波反相单极性倍频调制方式波形图。所谓载波反相调制方式，就是指采用两个相位相反而幅值相等的载波与同一调制波相比较的 PWM 调制方式。

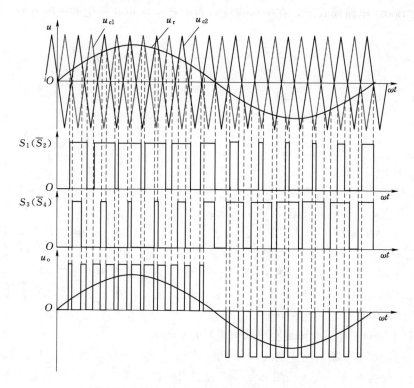

图 3.24　载波反相单极性倍频调制方式波形图

通过两桥臂支路的载波反相单极性倍频调制，使各桥臂支路输出电压具有瞬时相移的二电平 SPWM 波，而单相桥式电路的输出电压为两桥臂支路输出电压的差。显然，两个具有瞬时相移的二电平 SPWM 波相减，就可得到一个三电平 SPWM 波。而该三电平 SP-WM 波的脉冲数比同载波频率的双极性调制 SPWM 波和单极性调制 SPWM 波的脉冲数增加一倍。

同样，也可以采用调制波反相的单极性倍频调制方式以取得同样的倍频效果。

总之，单极性倍频调制方式可以在开关频率不变的条件下，使输出 SPWM 波的脉动频率是常规单极性调制方式的两倍。这样，单极性倍频调制方式可在开关损耗不变的条件下，使电路输出的等效开关频率增加一倍。显然与双极性调制相比，单极性倍频调制方式具有较小的谐波分量。因此，对单相桥式电压型逆变电路而言，单极性倍频调制方式性能优于常规的单、双极性调制。

3.3.2.2 双模式 Boost 多级非隔离型光伏发电并网逆变器

在图 3.23 所示的基本 Boost 多级非隔离型光伏并网逆变器中，前级 Boost 变换器与后级全桥变换器均工作于高频状态，因而开关损耗相对较大。为此，有学者提出了一种新颖的双模式（dual-mode）Boost 多级非隔离型光伏发电并网逆变器，这种光伏发电并网逆变器具有体积小、寿命长、损耗低、效率高等优点。与基于 Boost 多级非隔离型光伏发电并网逆变器不同的是：双模式 Boost 多级非隔离型光伏发电并网逆变器电路增加了旁路二极管。

当输入电压 U_{in} 小于给定正弦输出电压 U_{out} 的绝对值时，Boost 电路的开关高频运行，前级工作在 Boost 电路模式下，在中间直流电容上产生准正弦变化的电压波形。同时，全桥电路以工频调制方式工作，使输出电压与电网极性同步。例如，当输出为正半波时，仅 VT_1 和 VT_3 开通。当输出为负半波时，仅 VT_2 和 VT_4 开通。此工作方式称为 PWM 升压模式。

当输入电压 U_{in} 不小于给定正弦输出电压 U_{out} 的绝对值时，开关关断。全桥电路在 SP-WM 调制方式下工作。此时，输入电流不经过 Boost 电感和二极管，而是以连续的方式从旁路二极管通过，此工作方式称为全桥逆变模式。

综上分析，无论这种双模式 Boost 多级非隔离型光伏发电并网逆变器电路工作在何种模式，同一时刻只有一级电路工作在高频模式下。而双模式 Boost 多级非隔离型光伏发电并网逆变器由于在电路中增加了旁路二极管，从而降低了总的开关次数。此外，当系统工作的全桥逆变模式下，输入电流以连续的方式通过旁路二极管，而不是从电感和二极管通过，因此减小了系统损耗。另外由于这种双模式 Boost 多级非隔离型光伏发电并网逆变器电路独特的工作模式，无需使中间直流环节保持恒定的电压，因时电路中间环节中常用的大电解电容可以用一个小容量的薄膜电容代替，从而有效地减小了系统体积、质量和损耗，增加了系统的寿命、效率和可靠性。

3.3.3 非隔离型光伏发电并网逆变器存在问题

随着光伏发电并网高效能技术的发展，无变压器的非隔离型并网逆变器越来越受到人们的关注，也是未来逆变器的发展方向，但是也存在一些问题：其一，由于逆变器输出不采用工频变压器进行隔离及升压，逆变器易向电网中注入直流分量，会对电网设备产生不良影响，如引发变压器或互感器饱和、变电所接地网腐蚀等问题；其二，由于并网逆变器中没有工频及高频变压器，同时由于光伏阵列对地存在寄生电容，使得系统在一定条件下能够产生较大的共模漏电流，增加了系统的传导损耗，降低了电磁兼容性，同时也会向电网中注入谐波并会产生安全问题。

3.3.3.1　直流分量

1. 产生原因

理论上，并网逆变器只向电网注入交流电流，然而在实际应用中，由于检测和控制等的漂移往往使并网电流中含有直流分量。在非隔离的光伏发电并网系统中，逆变器输出的直流分量直接注入电网，并对电网设备产生不良影响，如引发变压器或互感器饱和、变电所接地网腐蚀等问题。因此，必须重视并网逆变器的直流分量问题，并应严格控制并网电流中的直流分量。非隔离型逆变器产生直流分量的原因如下：

（1）给定正弦信号波中含有直流分量。这种情况多发生在模拟控制的逆变器中，正弦波给定信号由模拟器件产生，因为所用元器件特性的差异，给定正弦波信号本身就含有很小的直流分量。采用闭环波形反馈控制，输出电流波形和给定波形基本一致，从而导致输出交流电流中也含有一定程度的直流分量。

（2）零点偏移。控制系统反馈通道主要包括检测元件和 A/D 转换器，这两者的零点偏移统一归结为反馈通道的零点偏移，并且是造成输出电流直流分量的主要因素。

1）检测元件的零点偏移。这是造成输出电流中包含直流分量的重要因素之一。逆变器引入输出反馈控制，不可避免要采用各种检测元件，最常用的是电压、电流霍尔传感器。这些霍尔元件一般都存在零点偏移，由于检测元件的零点偏移，使得输出电流中含有直流分量。虽然零点偏移量的绝对值很小，但反馈系数也很小，因此该直流分量不可忽视。

2）A/D 转换器的零点偏移。在全数字控制的逆变器中，霍尔元件检测到的输出电流还需经过 A/D 转换器把模拟量转化为数字量，并由处理器按一定的控制规律进行运算。同检测元件一样，A/D 转换器也存在零点偏移，同样会造成输出交流电流中含有直流分量。

3）脉冲分配及死区形成电路。控制系统产生的 SPWM 信号需经过脉冲分配及死区形成电路分相、设置死区，再经驱动电路隔离、放大后驱动开关管。其中元件参数的分散性会引起死区时间不等，即各管每次导通时间中的损失不一致，从而逆变器输出中包含直流分量。

4）开关管特性不一致。即使控制电路产生的脉宽调制波完全对称，由于主电路中功率开关管特性的差异，如导通时饱和压降不同以及关断时存储时间的不一致等，这些均会造成输出 SPWM 波正负的不对称，从而导致输出电流中含有直流分量。

上述各种因素中，前两种因素的可能性和实际影响最大，因为在控制系统中的反馈通道及调制信号发生等环节易形成直流分量，且被逆变器放大。而在后两种因素中，电路处理的是 SPWM 开关信号，只要设计合理并匹配恰当，影响一般较小。

2. 解决办法

（1）软件抑制法。在数字化控制 PWM 逆变器中，由于数字电路的输出脉宽一般也是通过调制波与三角波的数字比较而得到的，因此可以通过检测算出一个工频周期内 PWM 输出电压（包括正负脉冲）的积分，若该积分为零，则认为控制器发出的调制波脉宽是对称的，否则，输出电流中就会产生直流分量，对此可以采用软件补偿的办法来消除相应的直流分量。

（2）硬件抑制法。当驱动电路不对称以及功率开关管饱和压降不相等硬件因素引起直流分量时，可以通过适时检测并网电流的直流分量，并通过一系列的数字算法以补偿逆变桥的输出脉宽，从而抵消并网电流中的直流分量。

3.3.3.2 共模电流的抑制

1. 产生原因

在非隔离的光伏发电并网系统中，电网和光伏阵列之间存在直接的电气连接。由于光伏阵列和接地外壳之间存在对地的寄生电容，而这一寄生电容会与逆变器输出滤波元件以及电网阻抗组成共模谐振电路。当并网逆变器的功率开关动作时会引起寄生电容上电压的变化，而寄生电容上变化的共模电压能够激励这个谐振电路从而产生共模电流。共模电流的出现，增加了系统的传导损耗，降低了电磁兼容性并产生安全问题。

2. 解决办法

拓扑结构以及调制方法的不同所产生的共模电压存在差异。因此，在考虑电路效率条件下，可以适当改进并网逆变器的拓扑结构来抑制共模电流。常用能够抑制共模电流的实用拓扑结构有带交流旁路的全桥拓扑、带直流旁路的全桥拓扑、H5 拓扑等。其中，H5 拓扑由于减少了功率开关，并采用了独特的调制方式，具有相对较高的工作效率。

3.4 多支路光伏发电并网逆变器

根据有无隔离变压器可以将多支路逆变器分为隔离型和非隔离型两大类。光伏发电技术与市场的不断发展，系统在城市中的应用也日益广泛。然而，城市的可利用空间有限，因此为在有限空间中提高光伏系统的总装机容量，一方面要提高单个电站的装机容量，另一方面应将光伏发电广泛地与城市的建筑相结合。然而城市建筑中的情况较为复杂，其光照、温度条件，光伏组件规格都会因安装地方的不同而有所差异，这样传统的集中式光伏发电并网结构无法满足光伏发电系统的高性能应用要求，为此可以采用多支路型逆变器结构。

多支路光伏发电并网逆变器优点在于：

（1）在各支路光伏阵列的特性不同或光照及温度条件不同时，各支路可独立进行最大功率跟踪，从而解决了各支路之间的功率失配问题。

（2）多支路光伏发电并网逆变器因安装灵活、维修方便，能够最大限度地利用太阳辐射能量，可以有效地克服支路间功率失配所带来的系统整体效率低下的缺点，并可最大限度减少受单一支路故障的影响，应用前景较好。

3.4.1 隔离型多支路光伏发电并网逆变器

隔离型多支路光伏发电并网逆变器可以设置较多支路，而每个支路变换器的功率又可以相对较小，通常这种隔离型结构采用高频链技术，如图 3.25 所示。逆变器电路结构由高频逆变器、高频变压器、整流器、直流母线、逆变器和输入、输出滤波器等构成。其中输入级的高频链结构采用基于全桥高频隔离的多支路设计，而并网逆变器则采用了集中式设计。全桥高频隔离并网逆变器的前后级电路控制通过中间直流电容解耦，因而当有多个支路时，每个前级全桥电路可以单独控制，多个支路输出的电流汇集到直流母线上，然后经过一个集中的并网逆变器并网运行。

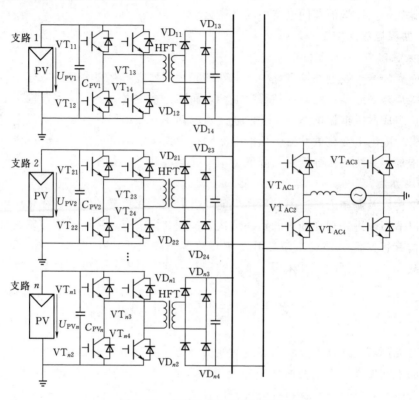

图 3.25　多支路高频链逆变器结构

　　由于全桥高频隔离逆变器的前后级电路控制通过中间直流电容解耦，因而当有多个支路时，每个前级全桥电路可以单独控制，多个支路输出的电流汇集到直流母线上，然后经过一个集中的并网逆变器并网运行。

　　多支路高频链逆变器系统整体控制框图如图 3.26 所示。对于每一个光伏输入支路，系统根据检测到的光伏组件的电压、电流信息，通过输入级高频全桥的占空比控制，一方面实现各支路的最大功率点跟踪控制，另一方面则将整流后输出的直流电流并联到直流母线上。后级的逆变器则采用直流电压外环与交流电流内环的双环控制策略，通过对直流母线期望电压的控制来实现光伏能量的平稳传输。

　　多支路高频链光伏发电并网逆变器具备电气隔离、重量轻、可对每条支路分别进行最大功率跟踪等优点，从而解决了各条支路间的电流失配问题。由于具有多个支路电路，适合多个不同倾斜面阵列接入或者某一阵列出现阴影遮挡的情况使用，即阵列间可以具有不同的 MPP 电压，互补不干扰同时非常适合于光伏建筑系统。但是由于其工作频率较高，

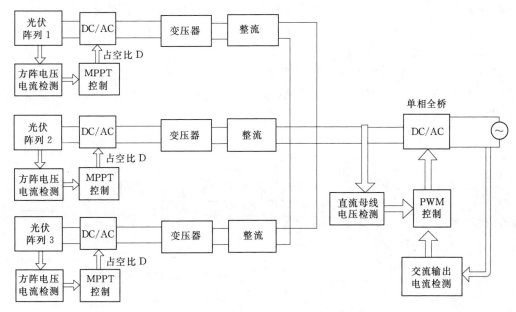

图 3.26 多支路高频链逆变器系统整体控制框图

系统的 EMC 比较难设计，系统的抗冲击性能较差，由于采用三级功率变换，系统功率器件偏多，系统的整体效率偏低，成本相对也较高。

3.4.2 非隔离型多支路光伏发电并网逆变器

3.4.2.1 多支路

多支路非隔离型拓扑结构具有系统效率高、损耗低、体积小等优点。其光伏发电并网逆变器由多个 DC/DC 变换器和一个集中并网逆变器组成，MPPT 效率高、可靠性高、良好的可扩展性、组合多样等优点。其中 DC/DC 变换器常为 Boost 变换器，采用双重 Buck - Boost 电路的多支路光伏并网逆变器主电路拓扑，如图 3.27 所示。

在双重 Buck - Boost 变换器中，每个开关具有相同的占空比，且采用载波移相 PWM 多重化调制技术，从而使输出等效的开关频率增加了一倍，即使输出电压和输出电流的脉动幅值减少了一半，因而使用较小的输出电容就可以稳定电压。另外，由于双重 Buck - Boost 变换器的储能元件是电感，易于多个双重 Buck - Boost 变换器的并联。若使各双重 Buck - Boost 变换器工作在电感电流断续模式（DCM），当把多个双重 Buck - Boost 电路并

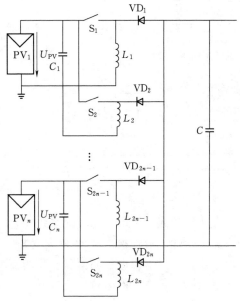

图 3.27 双重 Buck - Boost 电路的
多支路光伏并网逆变器主电路拓扑图

联后，各双重 Buck - Boost 电路的工作特性彼此独立，不同光伏组件的最大功率点可以通过调整每个支路中交错式双 Buck - Boost 的开关管占空比进行独立调整。

3.4.2.2　级联多电平

基于三单元级联的七电平级联 H 桥型拓扑，如图 3.28 所示。这是一种最基本的级联组合，实际应用中可以采用多个单元的级联，并可以进行组合以构成三相级联型多电平的光伏发电并网逆变器。

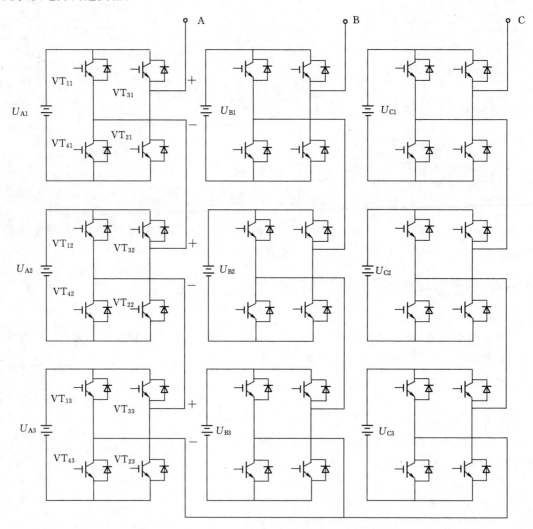

图 3.28　七电平级联 H 桥型拓扑图

在级联型光伏发电并网逆变系统中，无需前级的 DC/DC 环节，每个光伏模块与各自的直流侧储能电容连接，经 H 桥逆变并由各自 H 桥输出电压的串联相加，以合成支路的输出电压，通过输出电压幅值和相位的控制来控制并网电流，从而实现光伏发电系统的单位功率因数正弦波并网运行。

在基于三单元级联的七电平单相光伏发电并网逆变器的主电路拓扑中，假设 3 单元具有相同功率及运行工作状态，对于 N 电平可依此类推。图 3.29 中，每相输出电压等于该

相 3 个 H 桥单元输出电压的叠加，即每相总的电压为

$$U_{AN} = U_{A1} + U_{A2} + U_{A3}$$
$$U_{BN} = U_{B1} + U_{B2} + U_{B3} \qquad (3.16)$$
$$U_{CN} = U_{C1} + U_{C2} + U_{C3}$$

式中　$U_{A1} \sim U_{A3}$、$U_{B1} \sim U_{B3}$、$U_{C1} \sim U_{C3}$——A、B、C 各相 H 桥单元的输出电压；

$U_{AN} \sim U_{CN}$——A、B、C 各相相电压。

通过分析可知，每个 H 桥单元输出有 3 个状态：$+E$、0、$-E$。根据式（3.16），每相电压可以达到的最大值 $U_{N\max}$ 和最小值 $U_{N\min}$ 分别为

$$U_{N\max} = +3E$$
$$U_{N\min} = -3E \qquad (3.17)$$

每相电压可以实现的电平数 m 为

$$m = \left(\frac{U_{N\max} - U_{N\min}}{E} \right) + 1 = 7 \qquad (3.18)$$

可实现的电平数集合为 $+3E$、$+2E$、$+E$、0、$-E$、$-2E$、$-3E$。

对于三相交流系统，可将 3 个单相 H 桥连接成三角形或星形接法。当逆变器连接成三角形时，线电压等于相电压，线电压的电平数和电平集合都与相电压的分析结果相同；当连接成星形时，线电压为两相电压的差值，等效为 $2N$ 个功率单元输出电压的叠加。此时可以得到 3 个 H 桥单元串联线电压电平数 m' 为

$$m' = 2 \times \left(\frac{U_{N\max} - U_{N\min}}{E} \right) + 1 = 13 \qquad (3.19)$$

3.5　微型逆变器

3.5.1　概述

太阳能光伏发电是新能源的重要组成部分，被认为是当前世界上最有发展前景的新能源技术。常见的光伏发电并网系统结构有集中式、串型式、多支路式和交流式等几种方案。集中式、串型式、多支路式都存在光伏组件的串并联，系统无法实现每个组件的最大功率点运行，若任一组件损坏，将会严重影响到整个系统的正常工作。微型逆变器（Micro - Inverter，MI）是一种用于独立光伏发电并网系统，也称为交流模块式（AC module）。微型逆变器在光伏建筑集成发电系统及中小规模的光伏发电系统中具有独特的优势。目前，微型逆变器仍然处于市场应用的初级阶段，但是随着技术的不断进步和市场的日益发展，微型逆变器将是未来光伏发电并网系统的重要组成部分。微型逆变器与单个光伏组件相连，可以将光伏组件输出的直流电直接变换成交流电并传输到电网。

微型逆变器具有以下优点：

（1）对实际环境的适应性强，由于每一个组件独立工作，对光伏组件的一致性要求降低，当实际应用中出现诸如阴影遮挡、云雾变化、污垢积累、组件温度不一致、组件安装倾斜角度不一致等不理想条件时，问题组件不会影响其他组件的正常工作。

（2）无阴影和热斑问题。

（3）每个组件具备独立最大功率点跟踪设计，最大程地提高了系统发电效率。

（4）采用模块化技术，扩容方便，即插即用式安装。

（5）没有直流母线电压，增加了整个系统工作的安全性。

微型逆变器缺点主要有：

（1）系统应用可靠性和寿命还不能与光伏组件相比。一旦微型逆变器损坏，更换比较麻烦。

（2）与集中式逆变器相比，效率相对较低。但随着电力电子功率器件、磁性元件的技术发展，目前英力公司已经宣称达到96％的效率。

（3）相对成本比较高，集中控制困难。

微型逆变器的拓扑结构不同于传统的大功率集中式逆变器，微型逆变器有其自身的特点，如功率小、输入电压低、输出电压高等。一方面，其特殊需求决定了其不能采用传统的降压型逆变器拓扑结构，除了能够实现升、降压变换功能外，还应实现电气隔离；另一方面，高效率、小体积的要求决定了其不能采用工频变压器实现电气隔离，需要高频变压器。

微型逆变器要求先将输入的低直流电压升压后再转化为交流电并入电网，其拓扑结构要求由 DC/DC 变换电路和 DC/AC 变换电路组合而成。而每一类变换器的主电路拓扑结构又存在多种形式，根据 MI 隔离变压器的工作频率，将其分为工频 MI 和高频链 MI，由于工频 MI 自身存在诸多缺点，在许多对逆变器体积、重量、噪声和性能要求较高的场合已不能满足要求，近年来已逐渐被高频链 MI 取代，所以又称工频 MI 为传统 MI。而对于高频链 MI，按照能量控制方式又可分为：电压型（voliage mode）和电流型（curten mode）高频链 MI。

工频 MI 虽然结构简单，开关管都采用 PWM 控制，但由于没有单独的 MPPT 控制电路，故系统的效率较低。而且工频 MI 拓扑最大不足之处在于：工频变压器体积大、笨重；输出滤波器体积大、笨重；装置产生音频噪声；对输入电压及负载的波动、系统动态响应特性差。

美国学者 Mr. Espelarg 于 1977 年提出了高频链逆变技术的新概念，这为克服工频 MI 的缺点提供了新的思路，于是在 MI 领域，主要采用了高频链逆变拓扑来设计 MI。

3.5.2　电压型高频链 MI

电压型高频链 MI 主要有反激式、推挽式、半桥式、全桥式等几种典型拓扑结构。

1. 反激式电压型高频链 MI

反激式电压型高频链 MI 电路结构简单，但由于受反激式变换器的牵制，系统的功率受到限制，且变压器铁芯磁状态工作在最大的直流成分下，需要提供较大的气原，并使铁芯体积较大，因此这种拓扑不常用。

2. 推挽式电压型高频链 MI

推挽式电压型高频链 MI 由推挽式变换器和全桥逆变器组成。其输入级采用推挽式升压电路，适用于低压大电流的场合，正好满足交流模块光伏系统的要求，而后级的单相全桥逆变器采用高频 PWM 控制。

3. 半桥式电压型高频链 MI

半桥式电压型高频链 MI 由半桥式变换器和全桥逆变器组成。由于输入级半桥式逆变器的电压利用率低，功率开关管的电流应力较大，不适应 MI 系统输入电压低、输入电流大的应用特点，因此这种拓扑并不常用。

4. 全桥式电压型高频链 MI

全桥式电压型高频链 MI 由全桥式变换器和高频逆变器组成。由于全桥式变换器功率开关管较多，一般用于较大功率的场合，显然，这种拓扑结构也不适合应用于输入电压低、小功率的 MI 场合。

3.5.3 电流型高频链 MI

1. 反激式电流源高链 MI

反激式电流源高频链 MI 拓扑结构简单，开关损耗小，具有很好的稳态、动态性能，适用于小功率应用场合，如图 3.29 所示。

2. 推挽式电流源高频链 MI

推挽式电流源高频链 MI 结构适用于低输入电压且小功率的应用场合，如图 3.30 所示。

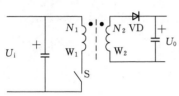

图 3.29 反激式电流源高频链 MI

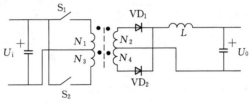

图 3.30 推挽式电流源高频链 MI

3. 半桥式电流源高频链 MI

半桥式电流源高频链 MI 结构适用于高压、小电流的小功率场合，一般在 MI 中很少采用，如图 3.31 所示。

4. 全桥式电流源高频链 MI

全桥式电流源高频链 MI 工作原理同半桥式类似，适宜于大功率场合，一般在 MI 中也很少采用，如图 3.32 所示。

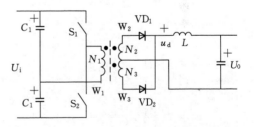

图 3.31 半桥式电流源高频链 MI

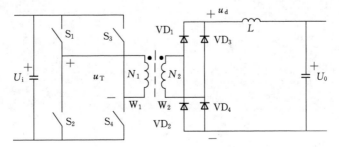

图 3.32 全桥式电流源高频链 MI

习　题

1. 简述高频隔离型光伏发电并网逆变器的优缺点。

2. 简述单极性倍频调制方式的优缺点。

3. 简述微型光伏逆变器的优点。

4. 简述工频隔离型光伏发电并网逆变器的优缺点。

5. 简述非隔离型光伏发电并网逆变器存在的问题及解决办法。

6. 简述双模式 Boost 多级非隔离型光伏发电并网逆变器工作原理和优点。

7. 简述高频隔离型光伏发电并网逆变器两种类型的工作模式。

8. 简述 DC/DC 变换型高频链光伏发电并网逆变器与周波变换型高频链光伏发电并网逆变器的区别。

9. 简述多级非隔离型光伏发电并网逆变器的拓扑。

第4章 逆变器控制策略

通过本章的学习，应能了解逆变器控制策略，掌握基于电流闭环的矢量控制和直接功率控制。

本章首先介绍了基于电流闭环的矢量控制策略，包括基于电网电压定向和虚拟磁链定向矢量控制。然后介绍了直接功率控制，根据瞬时功率理论，提出了基于电压定向的直接功率控制和基于虚拟磁链定向的直接功率控制（基于滞环比较控制和无电网传感器控制）。

4.1 概　　述

逆变器的控制策略是光伏发电并网系统控制的关键。由于光伏发电并网系统存在诸如单级式、多级式以及单相、三相等多种拓扑结构，因此逆变器的控制策略应涉及多种开关变换器的控制。然而，无论何种拓扑结构的逆变器，都不能缺少网侧的 DC/AC 变换单元，即并网逆变单元，网侧逆变器是光伏发电并网系统的核心。实际上，即使是具有两级变换的光伏逆变系统，其前级 DC/DC 变换器和后级 DC/AC 变换器之间一般均设置一个足够容量的直流滤波电容，该直流滤波电容在缓冲前、后级能量变化的同时，也起到了前、后级控制上的解耦作用。因此，对前、后级变换器的控制策略一般可以独立地进行研究。一般而言，在具有两级变换的光伏逆变器系统中，前级的 DC/DC 变换器主要实现最大功率点跟踪（MPPT）控制，而后级的 DC/AC 变换器（并网逆变器）则有两个基本控制要求：一是要保持前后级之间的直流侧电压稳定；二是要实现并网电流控制（网侧单位功率因数正弦波电流控制），甚至需根据指令进行电网的无功功率调节。

逆变器实际上是电力电子技术中的有源逆变器，由于逆变器一般采用全控型开关器件，因此也可称为 PWM 逆变器。对于逆变器而言，典型的并网控制策略是通过对逆变器输出电流矢量的控制实现并网及网侧有功、无功的控制。逆变器交流侧稳态矢量关系如图 4.1 所示。

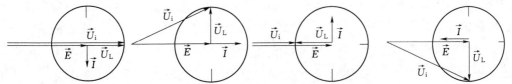

(a) 纯电感特性运行　　(b) 单位功率因数逆变运行　　(c) 纯电容特性运行　　(d) 单位功率因数整流运行

图 4.1　逆变器交流侧稳态矢量关系

$\vec{E}$ 表示电网电压矢量，$\vec{U}_L$ 表示滤波电感 L 上电压矢量，$\vec{U}_i$ 表示逆变器桥臂输出即交流侧的电压矢量，$\vec{I}$ 表示输出电流矢量，根据矢量关系分析得

$$\vec{U}_i = \vec{U}_L + \vec{E} \tag{4.1}$$

考虑到稳态时 $\vec{I}$ 不变，通过控制并网逆变器交流侧电压矢量的幅值和相位即可控制电感电压矢量的幅值和相位，进而就控制了输出电流矢量的幅值和相位。当控制并网逆变器的输出电流并使其与电网电压同相位时，便实现了单位功率因数运行；而当控制并网逆变器的输出电流并使其超前于电网电压时，便实现了并网逆变器在发电并网的同时还可向电网提供无功补偿。可见，通过控制逆变器的输出电流矢量即可实现并网逆变器输出有功功率和无功功率的控制。

并网逆变器并网控制的基本原理可概括为：首先根据并网控制给定的有功、无功功率指令以及电网电压矢量，计算出所需的输出电流矢量，并考虑到 $U_L = j\omega L I$，即可计算出并网逆变器交流侧输出的电压矢量，最后通过 SPWM 控制或 SVFWM 控制使并网逆变器交流侧按指令输出所需电压矢量，以此进行逆变器并网电流的控制。这种并网控制方法实际上是通过控制并网逆变器交流侧电压矢量来间接控制输出电流矢量，因而称为间接电流控制。这种间接电流控制方法无需电流检测且控制简单，但也存在明显不足：①对系统参数变化较为敏感；②由于其基于系统的稳态模型进行控制，因而动态响应速度慢；③由于无电流反馈控制，因而并网逆变器输出电流的波形品质难以保证，甚至在动态过程中含有一定量的直流分量。

根据矢量定向和控制变量的不同，并网逆变器控制策略可分为四类，如图 4.2 所示。

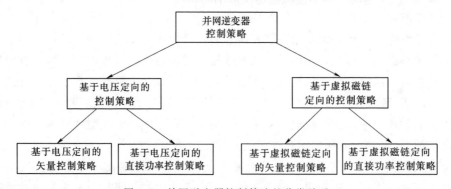

图 4.2　并网逆变器控制策略的分类关系

为了克服间接电流控制方案的上述不足，提出了直接电流控制方案。直接电流控制方案依据系统动态数学模型，构造了电流闭环控制系统，不仅提高了系统的动态响应速度和输出电流的波形品质，同时也降低了其对参数变化的敏感程度，提高了系统的鲁棒性。

在直接电流控制前提下，如果以电网电压矢量进行定向，通过控制逆变器输出电流矢量的幅值和相位（相对于电网电压矢量），即可控制逆变器的有功和无功功率，以此实现逆变器的并网控制。由于是相对于电网电压矢量位置的电流矢量控制，因而称其为基于电压定向的矢量控制（VOC）。VOC 是在电压定向基础上，通过输出电流矢量的控制，实现对并网逆变器输出有功和无功功率的控制。实际上，如果在电压定向基础上，不对输出电

流进行控制，而是对并网逆变器的有功和无功功率进行直接控制，也可以实现逆变器的并网控制。这种在电压定向基础上的并网逆变器的直接功率控制（DPC）一般称为基于电压定向的直接功率控制（V‐DPC）。

基于电压定向的矢量控制（VOC）和基于虚拟磁链定向的矢量控制（VFOC）都是基于电流闭环的控制策略，而基于电压定向的直接功率控制（V‐DPC）和基于虚拟磁链定向的直接功率控制（VF‐DPC）则都是基于功率闭环的控制策略。

VOC 和 V‐DPC 两种逆变器控制策略的控制性能均取决于电网电压矢量位置的准确获得，获得电网电压矢量位置的一般方法是：首先检测电网电压瞬时值 e_a、e_b、e_c，再由三相静止坐标系（abc）到两相静止坐标系（$\alpha\beta$）的坐标变换，获得其在 $\alpha\beta$ 坐标系下的电压表达式 e_α、e_β 从而获得电压矢量的位置角 γ，即

$$\left.\begin{array}{l} \sin\gamma = \dfrac{e_\beta}{\sqrt{e_\alpha^2 + e_\beta^2}} \\[3mm] \cos\gamma = \dfrac{e_\alpha}{\sqrt{e_\alpha^2 + e_\beta^2}} \end{array}\right\} \tag{4.2}$$

实际的电网电压并非是理想的正弦波电压，即电网电压除基波分量外还含有丰富的谐波分量，因此使得电网电压的检测值中除基波分量外还包含谐波分量，这样就使得基波电压定向出现偏差，从而降低了系统有功、无功的控制性能。通过加入基于电网电压基波的锁相环（PLL）技术，以期实现对电网电压基波分量进行定向，但这需要对锁相环进行动态响应与稳态精度的折中设计，定向好坏取决于锁相环的设计性能。一种简单的解决方法是采用虚拟磁链进行定向，由于虚拟磁链实际上是电网电压的积分，而积分的低通特性则对电网电压中的谐波分量有一定的抑制作用，从而有效克服了电网电压谐波分量对矢量定向精度的影响。

4.2 基于电流闭环的矢量控制策略

基于电流闭环的矢量控制策略按其矢量定向的不同，主要包括基于电网电压定向的矢量控制（VOC）和基于虚拟磁链定向的矢量控制（VFOC）两种控制策略。

采用基于电流闭环的矢量控制策略时，为了实现逆变器输出交流电流的无静差控制，根据参考坐标系选择的不同，其控制设计主要分为基于同步旋转坐标系以及基于静止坐标系的两种结构的控制设计。值得注意的是，其中的同步旋转坐标系是与选定的定向矢量同步旋转的。对于基于同步旋转坐标系的控制设计而言，主要是利用坐标变换将静止坐标系中的交流量等效变换成同步坐标系下的直流量，从而采用典型的 PI 调节器设计即可实现交流电流的无静差控制。

4.2.1 基于电网电压定向的矢量控制

若同步旋转坐标系与电网电压矢量 $\vec{E}$ 同步旋转，且同步旋转坐标系的 d 轴与电网电压矢量 $\vec{E}$ 重合，则称该同步旋转坐标系为基于电网电压矢量定向的同步旋转坐标系。而基

于电网电压定向的并网逆变器输出电流矢量图，如图 4.3 所示。

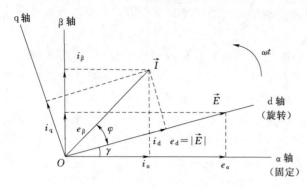

图 4.3　基于电网电压定向的矢量图

电网电压定向的同步旋转坐标系中，有 $e_d = |\vec{E}|$，$e_q = 0$。

根据瞬时功率理论，系统的瞬时有功功率 p、无功功率 q 分别简化为

$$\left.\begin{array}{l} p = \dfrac{3}{2} e_d i_d \\[2mm] q = \dfrac{3}{2} e_d i_q \end{array}\right\} \tag{4.3}$$

若不考虑电网电压的波动，即 e_d 为一定值，并网逆变器的瞬时有功功率 p 和无功功率 q 仅与逆变器输出电流的 dq 轴分量 i_d、i_q 成正比。即可通过 i_d、i_q 分别控制逆变器的有功、无功功率。

基于电网电压定向的逆变器的控制系统由直流电压外环和有功、无功电流内环组成，如图 4.4 所示。直流电压外环的作用是为了稳定或调节直流电压，显然，引入直流电压反馈并通过一个 PI 调节器即可实现直流电压的无静差控制。由于直流电压的控制可通过 i_d 的控制来实现，因此直流电压外环 PI 调节器的输出量即为有功电流内环的电流参考值 i_d^*，从而对逆变器输出的有功功率进行调节。无功电流内环的电流参考值 i_q^*，是根据需向电网输送的无功功率参考值 q^* 得，逆变器运行于单位功率因数状态，即仅向电网输送有功功率。

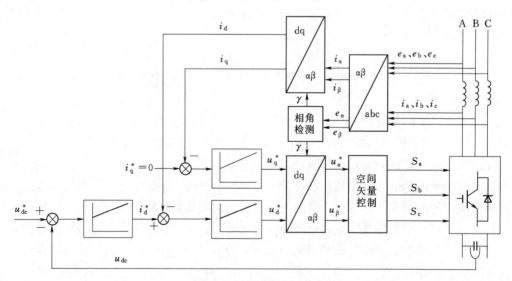

图 4.4　基于电压定向的矢量控制系统（VOC）示意图

电流内环是在 dq 坐标系中实现控制的，即逆变器输出电流的检测值 i_a、i_b、i_c 经过 abc/dq 坐标变换成直流量 i_d、i_q，将其与电流内环的电流参考值 i_d^*、i_q^* 进行比较，并通过相应的 PI 调节器控制分别实现对 i_d、i_q 的无静差控制。电流内环 PI 调节器的输出信号

经过 dq/αβ 逆变换后，即可通过空间矢量脉宽调制（SVPWM）得到逆变器相应的开关驱动信号 S_a、S_b、S_c，从而实现逆变器的并网控制，见表 4.1。

表 4.1 开 关 表

S_pS_q	S_a S_b S_c											
	1	2	3	4	5	6	7	8	9	10	11	12
11	001	001	101	101	100	100	110	110	010	010	011	011
00	100	110	110	010	010	011	011	001	001	101	101	100
10	010	010	011	011	001	001	101	101	100	100	110	110
01	101	100	100	110	110	010	010	011	011	001	001	101

当电网电压含有谐波等干扰时，基于电网电压定向的矢量控制方法就会直接影响电网电压基波矢量相角的检测，从而影响 VOC 方案的矢量定向的准确性及控制性能，甚至使控制系统振荡。为抑制电网电压对矢量定向及控制性能的影响，应当寻求能克服电网电压谐波影响的定向矢量，即可考虑采用基于虚拟磁链定向的矢量控制（VFOC）。

4.2.2 基于虚拟磁链定向的矢量控制

基于虚拟磁链定向的矢量控制（VFOC）是在基于电网电压定向的矢量控制（VOC）基础上发展来的。虚拟磁链定向的基本出发点是将逆变器的交流侧（包括滤波环节和电网）等效成一个虚拟的交流电动机，三相电网电压矢量经过积分后所得的矢量可认为是该虚拟交流电动机的气隙磁链。由于积分的低通滤波特性，因此可以有效克服电网电压谐波对磁链的影响，从而确保了矢量定向的准确性。由于虚拟磁链矢量比电网电压矢量 $\vec{E}$ 滞后 90°，因而当采用 VFOC 方案时，若控制并网逆变器运行于单位功率因数状态时，满足：$e_d = 0$，$e_q = |\vec{E}|$，这样并网逆变器的输出瞬时功率即为

$$p = e_q i_q \tag{4.4}$$

$$q = -e_q i_d \tag{4.5}$$

基于虚拟磁链定向的矢量控制（VFOC）图如图 4.5 所示。

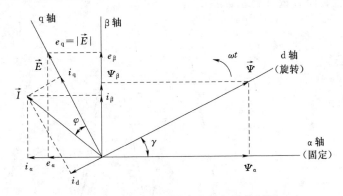

图 4.5 基于虚拟磁链定向的矢量控制图

可见，通过控制与磁链矢量重合的 d 轴电流分量即可控制逆变器输出的无功功率，而

控制与磁链矢量垂直的 q 轴电流分量即可控制逆变器输出的有功功率。

基于虚拟磁链定向的矢量控制系统（VFOC）如图 4.6 所示。

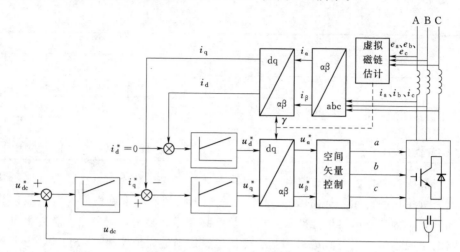

图 4.6　基于虚拟磁链定向的矢量控制系统（VFOC）示意图

基于虚拟磁链定向的矢量控制须克服积分偏移问题，否则将影响矢量定向的准确性，存在积分偏移问题，主要体现在以下方面：

（1）采样电路中点电压的偏移。当通过 AD 对电网电压进行采样时，由于采样电路中点电压的偏移通常会导致采样结果中伴随着微小的直流偏量，当这个直流分量控制在误差允许的范围内时，对系统实时控制的影响可以忽略。然而，为实现虚拟磁链的定向，则必须对电网电压进行积分，这样直流分量误差量会随着运行时间的增加而越来越大，最终严重影响系统的定向精度。

（2）电网电压是正弦信号。对正弦信号积分时，其积分结果中会出现一个和积分初值相关的直流分量，同样也会造成定向误差。

为了能克服上述的两个问题，通常可采用低通滤波器取代积分器，由于消除了积分运算，因而初始时刻引起的直流分量的积分效应被完全抑制，如图 4.7 所示。然而直流分量仍然存在，只能将直流分量降到原有的 I/ω_c，如图 4.8 所示。

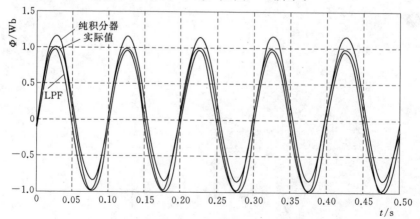

图 4.7　纯积分与低通滤波器运算的对比

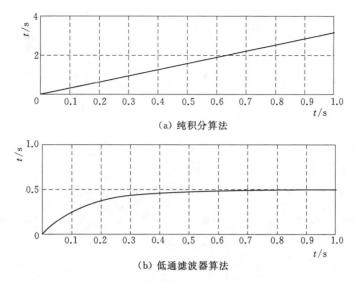

（a）纯积分算法

（b）低通滤波器算法

图 4.8 两种算法对直流信号的响应

为了能彻底消除直流分量引起的误差，可采用改进的虚拟磁链观测模型，基本思路是将电网电压 $\vec{E}$ 经过低通滤波（LPF）之后再经高通滤波（HPF）进行补偿。

电网电压波形经过两个滤波器环节可消除初值误差和直流分量的影响，但稳态时却与实际值之间存在相位和幅值偏差，为此需进行算法改进消除稳态时与实际值之间存在的相位和幅值偏差。

综上所述，可得控制框图，如图 4.9 所示。

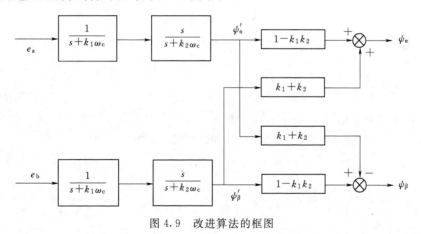

图 4.9 改进算法的框图

4.3 直接功率控制

上述 VOC 与 VFOC 两种逆变器的控制策略中，其并网逆变器的有功、无功功率实际上是通过 dq 坐标系中的相关电流的闭环控制来间接实现的。为了取得功率的快速控制响应，可以借鉴交流电动机驱动控制中的直接转矩控制（DTC）基本思路，即采用直接功率控制（DPC）。与基于电流闭环的矢量定向控制不同，DPC 无需将功率变量换算成相应的电流变量来进行控制，而是将逆变器输出的瞬时有功功率和无功功率作为被控量进行功率的直接闭环控制。然而，一般基于平均值定义的有功功率和无功功率法将不再适用。本节介绍瞬时功率和瞬时功率因数的定义，并讨论了不同坐标系下的瞬时功率计算方法。

4.3.1　瞬时功率计算

瞬时有功功率 P 定义为相电压矢量 $\vec{U}_{abc}$ 与相电流矢量 $\vec{I}_{abc}$ 的标量积，而瞬时无功功率 q 则定义为相电压矢量与相电流矢量积的模，即

$$p=\vec{U}_{abc}\vec{I}_{abc}=u_a i_a+u_b i_b+u_c i_c=|U_{abc}||I_{abc}|\cos\varphi=|U_{abc}||i_p|$$

$$q=|\vec{U}_{abc}\vec{I}_{abc}|=u_a^* i_a+u_b^* i_b+u_c^* i_c=|U_{abc}||I_{abc}|\sin\varphi=|U_{abc}||i_q| \tag{4.6}$$

参照三相正弦交流电路中功率因数的定义，相应的瞬时功率因数也可以定义为

$$\lambda=\frac{p}{\sqrt{p^2+q^2}} \tag{4.7}$$

1. 两静止 αβ 坐标系下瞬时功率

三相静止坐标系下的瞬时有功功率 p 和瞬时无功功率 q 也可写成

$$\begin{bmatrix} p \\ q \end{bmatrix}=\begin{bmatrix} u_a & u_b & u_c \\ u_a^* & u_b^* & u_c^* \end{bmatrix}\begin{bmatrix} i_a \\ i_b \\ i_c \end{bmatrix} \tag{4.8}$$

通过"等功率"变换矩阵将瞬时有功功率、无功功率在三相静止 abc 坐标系下的表示形式变换到在两相静止 αβ 坐标系下表示

$$p=U_{\alpha\beta}I_{\alpha\beta}=u_\alpha i_\alpha+u_\beta i_\beta \tag{4.9}$$

$$q=u_\alpha i_\beta-u_\beta i_\alpha \tag{4.10}$$

2. 两相旋转 dq 坐标系下瞬时功率

经变换矩阵将瞬时有功功率、无功功率在三相静止 abc 坐标系下的表示变换到在两相同步旋转 dq 坐标系下的表示，考虑到瞬时有功功率和瞬时无功功率的定义，则基于 dq 坐标系下的瞬时有功功率 p 和瞬时无功功率 q 的计算式分别为

$$p=\vec{U}_{dq}\vec{I}_{dq}=u_d i_d+u_q i_q$$

$$q=|\vec{U}_{dq}\vec{I}_{dq}|=u_q i_d-u_d i_q \tag{4.11}$$

DPC 基本的控制思路是：首先对逆变器输出的瞬时有功、无功功率进行检测运算，再将其检测值与给定的瞬时功率的偏差值送入两个相应的滞环比较器，根据滞环比较器的输出以及电网电压矢量位置的判断运算，确定驱动功率开关管的开关状态。

与基于矢量定向的电流控制相比，针对并网逆变器的功率控制，DPC 具有鲁棒性好、控制结构简单等优点。由于 DPC 是基于瞬时有功功率和瞬时无功功率进行控制的，因而首先介绍了瞬时功率的定义以及不同坐标系中瞬时功率的计算方法。讨论了并网逆变器 DPC 中无电网电压传感器时的瞬时功率估计和电网电压估计方法。接下来对基于电网电压定向和基于虚拟磁链定向的两种 DPC 方案进行了阐述，为了克服 DPC 采用滞环控制时所导致

的开关频率不固定的不足，本节还将介绍一种基于固定开关频率的 DPC 策略，即基于空间矢量调制的直接功率控制（SVM‐DPC）策略。

4.3.2 基于电压定向的直接功率控制

在并网逆变器的控制中，一般情况下共用到了三种传感器：交流电流传感器、直流电压传感器、电网电压传感器。一般情况下，并网逆变器的控制均采用电网电压传感器以检测电网电压，例如当采用基于两相静止 αβ 坐标系的瞬时功率计算时，仅需将检测得到的三相电压 e_a、e_b、e_c 和电流 i_a、i_b、i_c 通过矩阵变换得到 e_α、e_β 和 i_α、i_β，进而计算得到相应的瞬时有功功率和无功功率。

然而在实际应用中，由于系统控制和系统保护（输出侧过电流保护和直流母线过电压保护）的需求，交流电流传感器和直流电压传感器必不可少。而针对电网电压传感器，为降低成本和提高系统的可靠性，有时则可能被省略，为此必须通过算法可以对电网电压值进行估计。实际上，电网电压可以通过基于瞬时功率的电网电压估算方法进行估算，其主要思想是：将并网逆变器瞬时功率表达式中的电网电压用所检测的逆变器输出电流和直流侧电压进行描述，进而通过逆变器回路的电压方程运算获得电网电压的估算值。采用这种方法先运算出瞬时有功、无功功率的估算值，再得出电网电压的估算值，而瞬时有功、无功功率的估算值可作为直接功率控制器的反馈信号。基于 αβ 坐标系的矩阵形式，即

$$\begin{bmatrix} \hat{e}_\alpha \\ \hat{e}_\beta \end{bmatrix} = \frac{1}{i_\alpha^2 + i_\beta^2} \begin{bmatrix} i_\alpha & -i_\beta \\ i_\beta & i_\alpha \end{bmatrix} \begin{bmatrix} \hat{p} \\ \hat{q} \end{bmatrix} \tag{4.12}$$

无电网电压传感器的 V‐DPC 结构如图 4.10 所示，其控制关键在于：将瞬时功率的参考值与瞬时功率的估算值比较后，其差值输入到功率滞环比较器中，并根据功率滞环比较器的输出和电压矢量位置查相应的开关表，以获得开关状态输出。

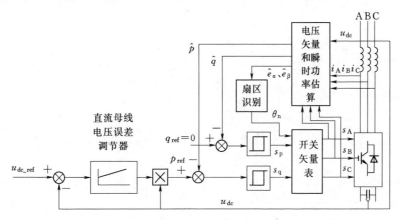

图 4.10　无电网电压传感器的 V‐DPC 结构

功率滞环比较器是 DPC 控制器的关键环节，主要包括有功功率滞环比较器和无功功率滞环比较器。在无电网电压传感器的 V‐DPC 系统中，功率滞环比较器的输入分别为：瞬时有功功率参考值与瞬时有功功率估算值的差值 Δp 以及瞬时无功功率参考值与瞬时无

功功率估算值的差值 Δq。功率滞环比较器的输出是反映实际功率偏离给定功率程度的开关状态量 s_{p} 和 s_{q}。

当瞬时功率偏差量的绝对值大于滞环宽度时，开关状态改变以使其偏差量减小；在偏差量绝对值减小的过程中，则保持开关状态不变，直到其偏差量绝对值反向增大且再次超过滞环宽度时，开关状态才再次改变。滞环宽度的大小将直接影响并网逆变器输出电流的 THD、平均开关频率和瞬时功率跟踪能力。如当滞环宽度增加时，逆变器的开关频率随即降低，而谐波电流则相应增大，功率跟踪能力也随之下降。

由于功率开关管受其能量等级的限制，需要将开关频率限制在一定的范围内。一种有效的方法就是使用可变滞环宽度的滞环比较器，并将开关管的平均开关频率限制在开关器件所允许的范围内。对于某一确定系统，可以采用调节滞环宽度的方法限制开关管的平均开关频率，即当滞环宽度增加时，平均开关频率将减小；而当滞环宽度减小时，则平均开关频率将增大。

4.3.3　基于虚拟磁链定向的直接功率控制

基于电压定向的直接功率控制（V-DPC）具有高功率因数、较低的总谐波失真以及结构相对简单等优点，但是对于电网不平衡的工况下，则会影响到电压定向的准确度，从而使整流器的性能下降。为了克服 V-DPC 的不足，有学者提出基于虚拟磁链定向的直接功率控制策略，即在无电网电压传感器工况下，对基于滞环比较控制的不固定开关频率和基于 PI 调节的定频 VF-DPC 两种控制策略进行研究。

4.3.3.1　基于滞环比较控制的不定频 VF-DPC

1. 基于虚拟磁链定向的瞬时功率计算

基于虚拟磁链定向的 $\vec{\psi}$ 矢量图，如图 4.11 所示，$\vec{\psi}$ 在两相 αβ 静止坐标系下的表达式为

$$\vec{\psi}=\begin{bmatrix}\psi_{\beta}\\\psi_{\alpha}\end{bmatrix}=\begin{bmatrix}\int e_{\beta}\mathrm{d}t\\\int e_{\alpha}\mathrm{d}t\end{bmatrix} \tag{4.13}$$

网侧瞬时功率为

$$\left.\begin{array}{l}p=\dfrac{\mathrm{d}\psi_{\mathrm{d}}}{\mathrm{d}t}i_{\mathrm{d}}+\omega\psi_{\mathrm{d}}i_{\mathrm{q}}\\[2mm]q=-\dfrac{\mathrm{d}\psi_{\mathrm{d}}}{\mathrm{d}t}i_{\mathrm{q}}+\omega\psi_{\mathrm{d}}i_{\mathrm{d}}\end{array}\right\} \tag{4.14}$$

对于三相平衡系统，有 $E_{\mathrm{d}}=\mathrm{d}\psi_{\mathrm{d}}/\mathrm{d}t=0$，那么有

$$p=\omega\psi_{\mathrm{d}}i_{\mathrm{q}}$$

$$q=\omega\psi_{\mathrm{d}}i_{\mathrm{d}} \tag{4.15}$$

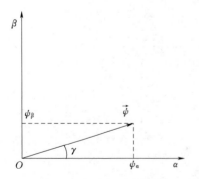

图 4.11　基于虚拟磁链定向
的 $\vec{\psi}$ 矢量图

直接功率控制的一个优点是可以避免坐标变换，那么就要在两相 αβ 静止坐标系下进行瞬时功率的估算，从而有瞬时功率表达式为

$$p = \frac{\mathrm{d}\psi_{\mathrm{m}}}{\mathrm{d}t}\bigg|_{\alpha} i_{\alpha} + \frac{\mathrm{d}\psi_{\mathrm{m}}}{\mathrm{d}t}\bigg|_{\beta} i_{\beta} + \omega(\psi_{\alpha} i_{\beta} - \psi_{\beta} i_{\alpha})$$

$$q = \frac{\mathrm{d}\psi_{\mathrm{m}}}{\mathrm{d}t}\bigg|_{\alpha} i_{\beta} + \frac{\mathrm{d}\psi_{\mathrm{m}}}{\mathrm{d}t}\bigg|_{\beta} i_{\alpha} + \omega(\psi_{\alpha} i_{\alpha} - \psi_{\beta} i_{\beta})$$

(4.16)

如果三相电网平衡，则磁链幅值变化率为零，即 $\mathrm{d}\psi_{\mathrm{m}}/\mathrm{d}t = 0$，则有

$$p = \omega(\psi_{\alpha} i_{\beta} - \psi_{\beta} i_{\alpha})$$

$$q = \omega(\psi_{\alpha} i_{\alpha} - \psi_{\beta} i_{\beta})$$

(4.17)

2. 基于无电网电压传感器的 VF - DPC 控制

无电网电压传感器的 VF - DPC 控制结构如图 4.12 所示。

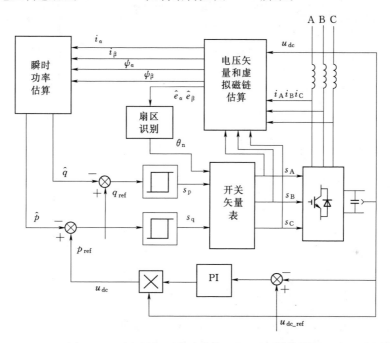

图 4.12 无电网电压传感器的 VF - DPC 控制结构

基于虚拟磁链定向的直接功率控制与基于电压定向的直接功率控制所不同的是前者采用了基于虚拟磁链定向的瞬时功率估算策略。电压矢量和虚拟磁链估算单元的功能是将检测到并经变换得到的网侧电流 i_{α}、i_{β} 以及估算出虚拟磁链 ψ_{α}、ψ_{β} 并输入瞬时功率估算单元，由式（4.17）即可估算出瞬时有功、无功功率。

虚拟磁链估算环节的实现算法，如图 4.13 所示。具体说明为：s_{A}、s_{B}、s_{C} 是开关函数，直流母线电压 U_{dc} 由传感器直接测得，L 是滤波电感的电感值，i_{α}、i_{β} 由电流霍尔传感器测量，并经过 clarke 变换得到。虚拟磁链估算环节的输出即为瞬时功率估算环节所需的 $\psi_{s\alpha}$ 和 $\psi_{s\beta}$。

瞬时功率估算实现过程，如图 4.14 所示。图 4.15 中 ω 为电网电压的频率，经由瞬时功率估算单元后，可以获得选择开关矢量表所需的电网电压矢量位置角估算值 γ 和有功功率滞环比较器所需的有功功率 p 以及无功功率滞环比较器所需的无功功率 q。

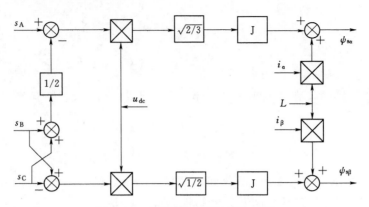

图 4.13　虚拟磁链估算的算法框图

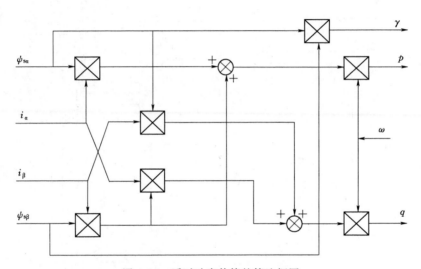

图 4.14　瞬时功率估算的算法框图

将瞬时有功、无功参考值 p^*、q^* 与瞬时有功、无功估算值 p、q 进行比较，以及扇区信息输入滞环比较器，即可获得开关函数 s_p、s_q 为

$$\left.\begin{array}{l} s_p=1,\Delta_p>H_p \text{ 或} -H_p<\Delta_p<H_p \text{ 且 } \mathrm{d}\Delta_p/\mathrm{d}t<0 \\ s_p=0,\Delta_p<-H_p \text{ 或} -H_p<\Delta_p<H_p \text{ 且 } \mathrm{d}\Delta_p/\mathrm{d}t>0 \end{array}\right\} \tag{4.18}$$

$$\left.\begin{array}{l} s_q=1,\Delta_q>H_q \text{ 或} -H_q<\Delta_q<H_q \text{ 且 } \mathrm{d}\Delta_p/\mathrm{d}t<0 \\ s_q=0,\Delta_q<-H_q \text{ 或} -H_q<\Delta_q<H_q \text{ 且 } \mathrm{d}\Delta_p/\mathrm{d}t>0 \end{array}\right\} \tag{4.19}$$

其中

$$\Delta q=q^*-q$$

$$\Delta p=p^*-p$$

式中　H_p、H_q——滞环宽度。

VF - DPC 的开关矢量表与 V - DPC 的相类似，同样划分了 12 个扇区。VF - DPC 开关矢量表，见表 4.2。

s_p s_q	区间 A	区间 B
表 4.2	**VF - DPC 开关矢量表**	
1 1	V_B	
0 0	V_0	
1 0	V_A	
0 1	V_B	V_0
$V_A = V_1(100), V_2(110), V_3(010), V_4(011), V_5(001), V_6(101)$		
$V_B = V_6(101), V_1(100), V_2(110), V_3(010), V_4(011), V_5(001)$		
$V_0 = V_0(000), V_7(111)$		

VF - DPC 虽然有结构简单、系统鲁棒性好以及无电流控制环等优点,但其开关频率不固定,并且需要高速处理器、AD 芯片以及采样频率,这些缺陷使其尚未在工业领域广泛应用。采用 SVPWM 调制和 PI 调节器,将开关频率固定,就可以解决上述问题。

4.3.3.2 基于 PI 调节的定频 VF - DPC

鉴于不定频控制所带来的不足,可采用 PI 调节器替换滞环控制器,这样就可以采用固定开关频率调制的 SVPWM 算法获取控制信号,最终实现定频 VF - DPC。这种基于 PI 调节的定频 VF - DPC 开关频率、滤波器设计简单,其不仅有虚拟磁链技术的优点,还有固定频率 SVPWM 调制方式的优点,是一种非常理想的直接功率控制系统。基于 PI 调节的定频 VF - DPC 系统结构,如图 4.15 所示。

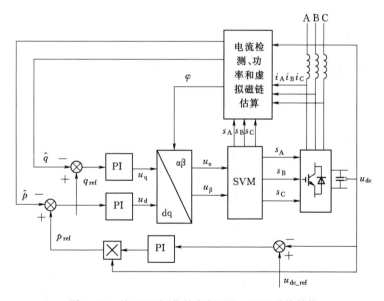

图 4.15 基于 PI 调节的定频 VF - DPC 系统结构

习　题

1. 简述光伏发电并网逆变器的控制要求。

2. 简述光伏发电并网逆变器控制策略分类依据及各自区别。

3. 在基于电压定向的矢量控制系统中，简述其控制过程。

4. 简述基于电压定向的矢量控制系统存在的问题。

5. 简述直接功率控制的基本思路。

6. 简述基于虚拟磁链定向的矢量控制的基本思路。

7. 简述虚拟磁链定向时积分偏移产生原因以及解决办法。

第5章 光伏发电并网系统的孤岛效应及反孤岛策略

通过本章内容的阅读，了解孤岛效应危害、发生机理、检测和功率匹配问题，掌握被动式反孤岛策略、主动式反孤岛策略和多逆变器并联运行时的孤岛检测分析。

本章首先介绍了孤岛效应的基本问题，包括孤岛效应危害、发生机理、检测方法。然后介绍了被动式反孤岛效应策略，包括过电压、欠电压（OVP/UVP）反孤岛效应策略，过频、欠频（OFP/UFP）反孤岛效应策略和相位跳变反孤岛效应策略。其次介绍了主动式反孤岛效应策略，包括主动频移法（AFD）、基于正反馈的主动频移法（Sandia）、滑模频移法（SMS）以及各种方法的优缺点和功率扰动法，包括有功和无功扰动法。最后介绍了实际应用中的多逆变器并联运行时的孤岛检测分析。

5.1 孤岛效应的基本问题

5.1.1 孤岛效应

光伏发电并网系统主要由光伏阵列、控制器和逆变器三部分组成，不需要蓄电池储能设备，即降低了费用又减少了污染。光伏并网系统是利用逆变器将光伏阵列输出的直流电转换成符合并网标准的交流电并入电网以及提供给本地负载。当电网由于故障或者检修而停止运行，光伏发电系统单独运行时，容易发生孤岛效应。孤岛效应是指如果并入电网的发电装置，在电网由于检修或者故障而断电的情况下，这个发电装置没有及时有效的检测到电网的断电状态，仍然向电网馈送电能并向本地负载提供电能的现象，如图5.1所示。孤岛效应发生之后会损坏光伏发电系统和用电设备，威胁电力检修人员的生命安全，因此孤岛效应的检测问题必须得到重视。

光伏发电并网系统在运行时具有较高的光伏电能利用率，然而由于光伏发电并网系统直接将光伏阵列发出的电能逆变后馈入电网，因此在工作时必须满足并网的技术要求，以确保系统安装者的安全以及电网的可靠运行。对于通常系统工作时可能出现的功率器件过电流、功率器件过热、电网过/欠电压等故障状态，比较容易通过硬件电路与软件配合进行检测、识别并处理。但对于光伏发电并网系统来说，还应考虑一种特殊故障状态下的应对策略，这种特殊故障状态就是所谓的孤岛效应。

实际上，孤岛效应问题是包括光伏发电在内的分布式发电系统存在的一个基本问题。

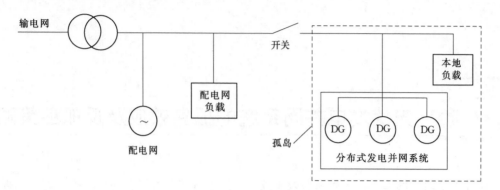

图 5.1　分布式发电系统的孤岛效应示意图

5.1.2　孤岛效应的危害

　　近年来，光伏发电技术得到长足的发展，为了使光伏发电系统达到最高的能量转换效率、最佳的安全性能，主要从最大功率跟踪的研究、并网逆变器控制策略的研究以及孤岛效应检测这三个方面进行研究。其中对孤岛效应的检测关系到电网安全、可靠、稳定的运行，因此得到了广泛的关注以及深入的研究。

　　孤岛效应发生之后，公共连接点的电压、频率以及谐波都会发生相应的改变，光伏发电系统的设备、用户的设备和相关的工作人员会受到如下影响：①电力检修人员的生命安全受到威胁；②配电系统上保护开关的动作程序受到影响；③用电设备会由于孤岛区域供电电压频率的不稳定而受到破坏；④当电网恢复供电时，光伏发电系统的输出电压相位可能与大电网的电压相位不同步而产生浪涌电流，会引起电网的再次跳闸，也会损坏光伏系统、负载和供电系统；⑤因光伏并网发电系统的单相供电而带来系统三相负载缺相供电的问题。

　　从安全性、稳定性以及可靠性等方面考虑，当孤岛效应发生时光伏发电并网系统必须能及时有效的检测出并停止并网逆变器的工作，停止向负载供电，保障电网的安全。

　　国外对光伏发电并网技术的研究较早且发展较快，其中以美国、德国和日本为主，从 20 世纪 80 年代就开始着手制定符合本国国情的光伏并网标准。不同国家所制定的标准也不同，有的国家认为孤岛效应不会对光伏发电并网系统带来很大的影响，因而对孤岛效应检测的标准比较宽松，检测时间相对较长，而美国制定的标准比较严格，要求的检测时间相对较短。在国际电工委员会的不懈努力下，一套得到国际一致认可的标准得以制定，明确了孤岛效应检测的电路和检测步骤。

　　光伏并网发电技术发展至今，国际电工委员会制定了相对较统一的检测标准，从这些技术标准可以看出，光伏发电并网系统必须存在孤岛效应检测的功能，当系统发生孤岛效应时，系统的参数必须按照技术标准规定的执行。其中 IEEE Std 929—2000 光伏发电系统接入标准中，规定了当公共点的频率超出 59.3～60.5Hz 范围时，光伏发电并网系统必须在 0.16s 以内停止向负载供电，技术标准中规定公共点电压异常情况下的最大允许响应时间，见表 5.1。

公共点电压	是大允许响应时间/s	公共点电压	是大允许响应时间/s
表 5.1	**IEEE Std 929—2000 技术标准中电压异常下的最大允许响应时间**		
$U<50\%$	0.16	$110\%\leqslant U<137\%$	2.00
$50\%\leqslant U<88\%$	2.00	$137\%\leqslant U$	0.16
$88\%\leqslant U<110\%$	正常工作		

我国光伏能源系统标准化技术委员会根据电网需求制定了符合我国国情的技术标准《光伏系统并网技术要求》（GB/T 19939—2005）。GB/T 19939—2005 中规定了并网后系统频率的变化范围不能超过（50±0.5）Hz，当系统频率不在此范围内时，过/欠频保护必须在 0.2s 内动作，停止向负载供电。

5.1.3 孤岛效应的发生机理

光伏发电并网系统的结构示意图如图 5.2 所示。当系统正常运行时，逆变器与电网在公共点（Point of Common Coupling，PCC）处连接，共同为负载提供电能。

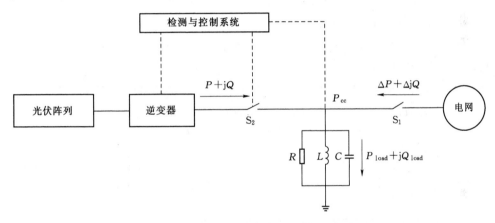

图 5.2 光伏发电并网系统的结构示意图

当电网正常运行时，假设系统中的逆变器工作于单位功率因数正弦波控制模式，而相关的局部负载用并联 RLC 电路来模拟，并且假设逆变器向负载提供的有功功率、无功功率分别为 P、Q，电网向负载提供的有功功率、无功功率分别为 ΔP、ΔQ，负载需求的有功功率、无功功率为 P_{load}、Q_{load}。根据能量守恒定律，PCC 处的功率流为

$$P_{load}=P+\Delta P$$
$$Q_{load}=Q+\Delta Q \tag{5.1}$$

当电网断电时，通常情况下，由于发电系统并网的输出功率和负载功率之间的巨大差异会引起系统的电压和频率的较大变化，因而通过对系统电压和频率的检测，可以很容易地检测到孤岛效应；但是如果逆变器提供的功率与负载需求的功率相匹配，那么当线路维修或故障而导致网侧断路器跳闸时，PCC 处电压和频率的变化很小，很难通过对系统电压和频率检测出孤岛效应，这样逆变器可能继续向负载供电，从而形成由光伏发电并网系统和周围负载构成的一个自给供电的孤岛发电系统。

孤岛发电系统形成后，PCC 处电压瞬时值 U_a 将由负载的欧姆定律响应确定，并受逆变器控制系统的监控。同时逆变器为了保持输出电流与端电压的同步，将驱使输出电流的频率改变，直到输出电流与端电压之间的相位差为 0。从以上分析可以看出，光伏发电并网系统孤岛效应发生的必要条件是：①发电装置提供的有功功率与负载的有功功率相匹配；②发电装置提供的无功功率与负载的无功功率相匹配，满足相位平衡关系。

5.1.4　孤岛效应检测

国外关于孤岛效应检测方法的研究已经有二十多年，很多孤岛效应检测技术已经日趋成熟并得到实际应用。研究人员提出了许多的孤岛效应检测方法，依据孤岛效应检测技术的检测位置和检测原理可以将当下广泛研究的孤岛效应检测方法分为两大类：远程检测法和本地检测法。

1. 远程检测法

远程检测法主要是利用高科技的远程通信、电力线载波等对光伏发电并网逆变系统的并网过程进行实时监控，以便及时检测出孤岛效应。

2. 本地检测法

本地检测法主要是在逆变器侧进行检测，又可以进一步划分为被动式和主动式两种类别的检测法。被动式孤岛效应检测法顾名思义即被动地等待孤岛效应出现时及时进行检测来采取措施停止逆变器的工作。它主要是利用并网公共点处的电压、电流、频率、相位、谐波失真信号等信息是否超过正常工作范围来判断孤岛效应的发生与否。主动式孤岛效应检测法则主要通过在逆变系统的控制信号中添加一定的扰动信号诸如电压、电流、频率、相位等对逆变系统输出电流造成微小的干扰，一旦主网断电，扰动信号的累积作用会导致这些参量的指标超过规定范围从而检测出孤岛效应，详细的分类如图 5.3 所示。

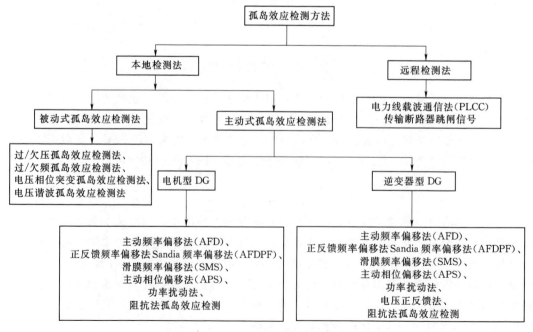

图 5.3　孤岛效应检测方法

　　远程检测法的优点是可靠性高，不存在检测盲区（NDZ）；缺点是需要的信号收发设备价格较高，并且需要电网运营商的配合，在孤岛效应检测时一般不采用这种方法。现阶段，主要采用本地检测法，包括被动式孤岛效应检测法和主动式孤岛效应检测法。被动式孤岛效应检测法的优点是成本较低；缺点是存在较大的检测盲区。主动式孤岛效应检测法的优点是检测盲区很小，甚至不存在检测盲区；缺点是系统的电能质量会由于施加了一个小扰动信号而降低，系统的稳定性在不加控制的情况下会受到影响。

　　在光伏发电并网系统中，并网电压不受逆变器的控制，逆变器只能控制并网电流的大小、频率和相位。并网电流的幅值可调节，但其频率和相位必须与电网电压保持同频同相，一般利用锁相环技术实现同频同相。在光伏发电并网系统的实际应用中，负载的性质可以用 RL 串联负载来表示，在这种情况下检测孤岛效应比较容易，但是研究孤岛效应的目的是为找出一种在负载性质不同的情况下能够顺利检测到孤岛效应的方法，因此通常采用 RLC 并联负载，如图 5.4 所示。

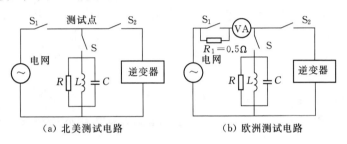

（a）北美测试电路　　　　　　　（b）欧洲测试电路

图 5.4　孤岛效应测试电路

5.1.5　孤岛效应时的功率匹配分析

　　在对反孤岛效应策略进行研究和测试时发现负载的谐振能力越强，电路系统的频率向上偏移或保持在谐振频率处的趋势越强，利用频率偏移的反孤岛效应策略实际上就越难使频率发生偏移，也就不会对孤岛效应做出正确并且及时的判断。研究表明：谐振频率等于电网频率的并联负载可以形成最严重的孤岛效应。因此在进行反孤岛效应测试之前，必须对负载的谐振能力进行定量的描述，负载品质因数的定义为：负载品质因数等于谐振时每周期最大储能与所消耗能量比值的 2π 倍。这里只考虑与电网频率接近的谐振频率，因为如果负载电路的谐振频率不同于电网频率，就有驱动孤岛发电系统的频率偏离频率正常工作范围的趋势。从定义中可以看出，负载品质因数越大，负载谐振能力越强，反孤岛效应测试中负载品质因数的选择是很重要的。首先，若选择太小的品质因数，则将导致逆变器在实验室的试验平台中能顺利通过反孤岛效应测试，而现场运行时却检测不到孤岛效应；若选择太大的品质因数，一方面不切实际，而另一方面将导致逆变器不能作出正确的判断。由于实际电网中负载的品质因数大于 2.5 的情况一般是不可能的，实际上测试负载的品质因数可以在 1.0~2.5 之间，这样更能代表典型光伏发电并网系统的实际情况。

　　2. 孤岛效应时有功功率和无功功率不匹配

　　实际上，在电网断电的瞬时，有功和无功不匹配情况下孤岛效应时逆变器的输出电压

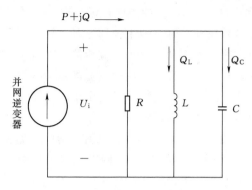

图 5.5 孤岛状态下系统的等效电路

和系统频率特性可以通过解析方法计算出来。可以将孤岛效应运行状态下的供电系统看作一个电流源，系统的负载用并联电路来代替，则单相光伏发电并网系统等效电路，如图 5.5 所示。

根据电网断开前后瞬时的有功功率关系，不难得出系统孤岛状态下的系统电压为

$$U_i = \sqrt{KU}, K = \frac{P}{P_{load}} \qquad (5.2)$$

（1）有功功率不匹配，无功功率基本匹配。如果系统所需要的有功功率和光伏发电并网系统提供的有功功率不匹配时，即 $\Delta P(\Delta P = P_{load} - P)$ 绝对值比较大时，在断网瞬间，逆变器的端电压 U_i 将会有较大幅度的变化。根据 IEEE Std 929—2000 计算得出，当 $\Delta P \geqslant \pm 20\%$ 时，孤岛效应通过过/欠电压检测法可以很容易检测出来。

（2）有功功率基本匹配，无功功率不匹配。如果系统所需要的无功功率和光伏发电并网系统提供的无功功率不匹配时，即 $\Delta Q(\Delta Q = Q_{load} - Q)$ 绝对值比较大时，在断网瞬间，逆变器的端电压频率将会有较大幅度的变化。根据 IEEE Std 929—2000，频率的允许波动范围为 $59.3 \sim 60.5 \text{Hz}$，计算得出当 $\Delta Q \geqslant \pm 5\%$ 时，孤岛效应利用过/欠频率检测法可以很容易检测出来。

（3）有功和无功功率都基本匹配。即介于前两者之间的情况，$\Delta P \leqslant \pm 20\%$、$\Delta Q \leqslant \pm 5\%$ 时，通过过/欠电压、过/欠频率检测法都不足以检测出孤岛效应，也就是被动检测法中所出现的不可检测区域，因此就需要其他新的方法来加强孤岛效应检测能力，减小不可检测区域。

5.2 被动式反孤岛效应策略

常用的反孤岛效应策略是局部反孤岛策略，即基于并网逆变器的反孤岛效应策略。在光伏发电并网系统中，基于逆变器的反孤岛效应策略主要分为两类：第一类称为被动式反孤岛策略，如不正常的电压和频率、相位监视和谐波监视等；第二类称为主动式反孤岛效应策略，如频率偏移和输出功率扰动等。第一类方法只能在电源和负载不匹配程度较大时才能有效，在其他情况（如逆变器输出负载并联电容）下可能会导致孤岛效应检测的失效。第二类方法如频率偏移法，则是通过在控制信号中人为注入扰动成分，从而使得频率或者相位偏移，这类主动式方法虽然使系统的反孤岛效应能力得到了加强，但仍然存在不可检测区，即当电压幅值和频率变化范围小于某一值时，系统无法检测到孤岛效应的存在。

5.2.1 过/欠电压反孤岛效应策略

过/欠电压反孤岛效应策略是指当并网逆变器检测出逆变器输出的 PCC 处的电压幅值

超出正常范围（$U_{\min}$，$U_{\max}$）时，通过控制命令停止逆变器并网运行以实现反孤岛效应的一种被动式方法，其中 $U_{\min}$、$U_{\max}$ 为发电并网系统标准规定的电压最小值和最大值。在图 5.2 所示的光伏发电并网系统中，当断路器闭合（电网正常）时，逆变电源输出功率为 $P+\mathrm{j}Q$，负载功率为 $P_{\text{load}}+\mathrm{j}Q_{\text{load}}$，电网输出功率为 $\Delta P+\mathrm{j}\Delta Q$。此时，PCC 电压的幅值由电网决定，不会发现异常现象。断路器断开瞬间，如果 $\Delta P\neq0$，则逆变器输出有功功率与负载有功功率不匹配，PCC 点电压幅值将发生变化，如果这个偏移量足够大，孤岛效应就能被检测出来，从而实现反孤岛效应保护。

并网逆变器大都采用电流控制策略，因此在孤岛效应形成前后的两个稳态状态下，逆变器输出电流与 PCC 点电压之间的相位差都是不变的，而当电网断开并达到稳态时，有

$$I=I_0,I=\frac{P_{\text{load}}-\Delta P}{U_0\cos\phi_0} \tag{5.3}$$

$$\phi=\phi_0,\phi_0\approx0 \tag{5.4}$$

$$R=\frac{U_0^2}{P_{\text{load}}} \tag{5.5}$$

$$\left.\begin{aligned} U&=U_0\left(1-\frac{\Delta P}{P_{\text{load}}}\right)\\ U&=IR\cos\phi \end{aligned}\right\} \tag{5.6}$$

式中 U_0——孤岛效应形成前 PCC 点的电压；

U——孤岛效应形成后并达到稳态时 PCC 点的电压。

孤岛形成瞬间，只要 $\Delta P\neq0$，PCC 点的电压幅值就会发生变化。如果在正常范围内，即孤岛效应检测就会失败，因此联立式（5.3）~式（5.6）可得 OVP/UVP 的非检测区（NDZ）为

$$1-\frac{U_{\max}}{U_0}<\frac{\Delta P}{P_{\text{load}}}<1-\frac{U_{\min}}{U_0} \tag{5.7}$$

5.2.2 过/欠频率反孤岛效应策略

过/欠频率反孤岛效应策略是指当并网逆变器检测出在 PCC 点的电压频率超出正常范围（$f_{\min}$，$f_{\max}$）时，通过控制命令停止逆变器并网运行以实现反孤岛的一种被动式方法，其中 $f_{\min}$、$f_{\max}$ 分别为电网频率正常范围的上下限值，IEEE Std 1547—2003 标准规定：当标准电网频率 $f_0=60\text{Hz}$ 时，$f_{\min}=59.3\text{Hz}$、$f_{\max}=60.5\text{Hz}$。由于我国标准电网频率采用的是 $f_{\min}=50\text{Hz}$，因此根据比例计算出电网频率正常范围的上下限值分别为：$f_{\min}=49.4\text{Hz}$、$f_{\max}=50.4\text{Hz}$。对于如图 5.2 所示的光伏发电并网系统，电网正常时，公共耦合点电压的频率由电网决定，只要电网正常，就不会发生异常现象。电网断开瞬间，如果逆变器输出无功功率（近似等于 0）与负载无功功率不匹配，PCC 点的电压频率将发生变化，如果偏移量超出正常范围，孤岛效应就被检测出来。若并网逆变器运行于单位功率因数状态，在孤岛效应形成前后的两个稳态状态下，逆变器输出电流与 PCC 点电压之间的相位差都趋近于 0。

在电网正常工作条件下，孤岛效应形成前的电路系统为

$$\phi_0 = \arctan \frac{Q_{\text{load}} - \Delta Q}{P_{\text{load}} - \Delta P} \tag{5.8}$$

$$Q_{\text{load}} = U_0^2 \left(\frac{1}{\omega_0 L} - \omega_0 C \right) \tag{5.9}$$

$$Q_{\text{f}} = R \sqrt{\frac{C}{L}} \tag{5.10}$$

$$R = \frac{U_0^2}{P_{\text{load}}} \tag{5.11}$$

式中　ω_0——孤岛效应形成前 PCC 点电压的角频率；

　　　Q_{f}——负载的品质因数。

而当电网断开并达到稳态时，有

$$\tan\varphi = R \left(\frac{1}{\omega L} - \omega C \right) \tag{5.12}$$

$$\omega = \frac{2Q_{\text{f}} P_{\text{load}} \omega_0}{-\Delta Q + \sqrt{(\Delta Q)^2 + 4Q_{\text{f}}^2 P_{\text{load}}^2}} \tag{5.13}$$

式中　ω——孤岛效应下并达到稳态时 PCC 点电压的角频率。

在孤岛效应形成瞬间，只要 $\Delta Q \neq 0$，PCC 点电压的频率就会发生变化。如果 ω 在正常范围内，此时孤岛检测就会失败。OFP/UFP 的 NDZ 为

$$Q \left(\frac{\omega_{\min}}{\omega_0} - \frac{\omega_0}{\omega_{\min}} \right) < \frac{\Delta Q}{P_{\text{load}}} < Q_{\text{f}} \left(\frac{\omega_{\max}}{\omega_0} - \frac{\omega_0}{\omega_{\max}} \right) \tag{5.14}$$

5.2.3　相位跳变反孤岛效应策略

相位跳变反孤岛效应策略是通过监控逆变器端电压与输出电流之间的相位差来检测孤岛效应的一种被动式反孤岛效应策略，如图 5.6 所示。正常情况下逆变器总是控制其输出电流与电网电压同相，而跳闸后逆变器的端电压将不再由电网控制，此时逆变器端电压的相位将发生跳变。因此可以认为，并网逆变器端电压与输出电流间相位差的突然改变意味

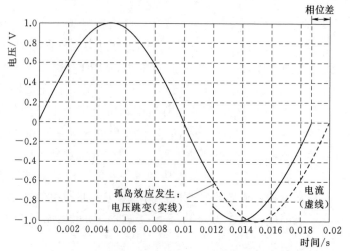

图 5.6　逆变器端电压与输出电流之间的相位差

着主电网的跳闸。

在逆变器端电压 U_a 发生跳变的下一个过零点，i_{inv} 和 U_a 新的相位差便可以用来检测孤岛效应。如果相位差比相位跳变反孤岛效应策略中规定的相位阈值 ϕ_{th} 大，逆变器将停止运行，但 $|\phi_{Load}| < |\theta_{th}|$，则孤岛效应不会被检测出来，即进入不可检测区。

5.2.4 被动式反孤岛效应策略的优缺点

1. 优点

过/欠电压、过/欠频率反孤岛效应策略的作用不只限于检测孤岛效应，还可以用来保护用户设备，并且其他产生异常电压或频率的反孤岛效应策略也依靠过/欠电压、过/欠频率保护来触发逆变器停止工作，同时也是孤岛效应检测的一个低成本选择，而成本对逆变器的推广应用是很重要的。由于是被动式反孤岛效应策略，因此正常并网运行时，逆变器不会影响电网的电能质量，多台并网逆变器运行时，不会产生稀释效应。相位跳变反孤岛效应策略的主要优点是容易实现，由于逆变器自身就需要锁相环用于同步，执行该策略只需增加在 i_{inv} 和 U_a 间相位差超出阈值 ϕ_{th} 时使逆变器具备停止工作的功能即可。作为被动式反孤岛效应策略，相位跳变不会影响逆变器输出电能的质量，也不会干扰系统。和其他被动式反孤岛效应策略一样，在系统连接有多台逆变器时，不会产生稀释效应。

2. 缺点

从过/欠电压、过/欠频率保护检测孤岛效应的方面出发，此反孤岛效应策略的 NDZ 相对较大，并且这种策略的反应时间是不可预测的。相位跳变策略很难选择不会导致误动作的阈值。一些特定负载的启动，尤其是电动机的启动过程经常产生相当大的暂态相位跳变，如果阈值设置的太低，将导致逆变器的误跳闸，并且相位跳变的阈值可能要根据安装地点而改变，这也给实际应用带来不便。

5.3 主动式反孤岛效应策略

被动式反孤岛效应策略包括过/欠电压、过/欠频率反孤岛效应策略、相位跳变反孤岛效应策略等。其中，过/欠电压和过/欠频率反孤岛效应策略则应用较多，但通过实验与仿真分析可知，这两种反孤岛效应策略具有较大的 NDZ，即在某些情况下无法检测孤岛效应的发生，为了减小甚至消除 NDZ，研究人员提出了多种主动式反孤岛效应策略。相位跳变反孤岛效应策略由于孤岛效应检测的阈值难以确定，因而较少应用。

5.3.1 频移法

主动式反孤岛效应策略最为常用的是频移法，主要包括 AFD、Sandia 以及滑模频移（SMS）等反孤岛效应策略。AFD 反孤岛效应策略是针对 OFT/UFP 反孤岛效应策略存在较大 NDZ 时提出的一种主动式反孤岛效应策略，通过理论仿真与实验研究可以看出：AFD 策略中的 NDZ 比 OFP/UFP 的 NDZ 有明显减少。在此基础上提出了 AFD 的改进，即带正反馈的主动频移反孤岛效应策略，也即通常提到的 Sandia 频移反孤岛效应策略（Sandia 国家重点实验室是美国重要的风电研究机构）。通过理论仿真和实验研究可知，

Sandia 频移反孤岛效应策略比起 AFD 反孤岛效应策略来说具有更小的 NDZ，因而其检测孤岛效应的效率更高。

1. AFD 频移反孤岛效应策略

频率偏移法是向光伏发电并网逆变器的输出电流中施加一个微小扰动，从而改变公共点电压的频率，进而改变负载的电压频率，通过反馈系统形成一个连续变化的趋势。当电网正常工作时，公共点电压频率由于大电网的平衡作用而不会发生变化。当发生孤岛效应失去大电网的平衡作用时，公共点电压频率会在频率偏移法的作用下发生改变，通过检测公共点电压频率的变化程度，可以确定是否发生孤岛效应。

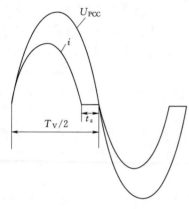

图 5.7　频率偏移法的原理图

频率偏移法的原理如图 5.7 所示。光伏逆变器的输出电流频率和电网的电压频率存在微小的偏差。在前半个周期，当逆变器的输出电流到达零点时，电网电压还没有到达零点，此时迫使逆变器的输出电流为零，直到电网电压到零点，进入后半个周期。

t_z 为加入死区的时间。cf 为频率偏移法引入的系数，它的定义是施加扰动后电网电压过零点滞后于逆变器输出电流过零点的时间与电网电压半个周期时间之比。其表达式为

$$cf = \frac{t_z}{T/2}$$
$$f = f_g + cf \tag{5.15}$$

式中　f_g——电网的电压频率；

　　　f——逆变器的输出电流频率。

频率偏移法其工作原理如下：

（1）当电网正常运行时，电网的平衡机制作用使公共点电压频率不变化。

（2）当电网断电时，由负载性质的不同引起公共点电压频率发生正偏移增大或者负偏移减小，由于此时已经不存在电网的平衡机制作用，频率偏移法检测到公共点电压频率的变化并通过累加不断增大此变化。

（3）不断地重复第（2）步，公共点电压频率偏差不断地增加，最后会超出阈值，触发过/欠频继电器动作，停止逆变器的工作，实现孤岛效应的保护功能。

对于正偏移的情况，当负载是阻感性时，孤岛效应发生后，失真的电流波形经过负载后使光伏并网逆变器的输出电压在更短的时间内经过零点，检测系统检测到电压的频率偏差并且通过累加再次增大电压频率直到触发过/欠频继电器动作，从而检测出孤岛效应的发生，实现保护功能。当负载是容性时，它的阻抗角 $\varphi < 0$，这会使光伏并网逆变器的输出电压相角滞后电流的相角。孤岛效应发生后，会出现经过多次频率偏移之后由频率偏移引起的超前作用完全被由负载相角 φ 引起的滞后作用稀释掉的情况，此时，系统将无法准确的检测孤岛效应的发生。

同样，对于负偏移并且负载是感性时，也会出现这样的情况。

频率偏移法的思想比较简单，容易实现，负载为纯阻性时可以很方便地检测到孤岛效

应的发生，检测盲区较小。但是由于频率发生了偏移、电流波形中死区的存在，会使得并网电能质量下降、电流不连续。因此需要对频率偏移法进行改进。

2. Sandia 频移反孤岛效应策略

ADF 反孤岛效应策略可以减小孤岛效应检测的盲区，但是该策略引入的电流谐波会降低光伏发电并网系统输出电能的质量；而在多个光伏发电并网系统工作的情况下，若频率偏移方向不一致，其作用会相互抵消而产生稀释效应；此外，负载的阻抗特性也可能阻止频率的偏移。因此，AFD 方案仍然存在孤岛效应检测的盲区的问题，为了克服这一缺点，美国 Sandia 实验室提出 Sandia 频移法。

Sandia 频移反孤岛效应策略就是对 U_a 的频率 ω 运用正反馈的主动式频移方案。首先定义斩波因子 cf 为逆变器输出端电压频率与电网电压频率偏差的函数，在该方法中扰动信号 cf 满足

$$cf_k = cf_{k-1} + F(\Delta\omega_k) \tag{5.16}$$

式中　cf_{k-1}——上个周期的扰动信号；

cf_k——本周期的扰动信号，$F(\Delta\omega_k)$ 是根据逆变器输出电压频率的变化情况施加的反馈信号。

正反馈频率偏移法的流程如图 5.8 所示。其工作原理如下：

（1）当电网正常运行时，尽管电网的频率波动和采样的偏差会使频率存在微小范围内变化，并且正反馈会试图增加该变化，但是电网的平衡牵制作用会禁止这种变化，因此公共点电压频率不发生变化。

（2）当电网断电时，由负载性质的不同而引起公共点电压频率发生正偏移变大或者负偏移变小，由于此时已不存在电网的平衡牵制作用，正反馈频率偏移法检测到公共点电压频率的变化并在正反馈的作用下快速增大此变化。

（3）不断地重复第（2）步，公共点电压频率偏差会快速增加，最后超出阈值，触发过/欠频继电器动作，停止逆变器的工作，实现反孤岛。

正反馈频率偏移法中有两个参数需要优化，即初始截断系数 cf_0 和正反馈系数。初始截断系数的大小只能改变检测盲区的位置，而不能改变检测盲区的大小，由于过大的初始截断系数会增加逆变器输出电流的总谐波含量，因此初始截断系数应尽量取

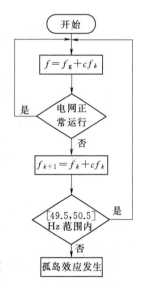

图 5.8　正反馈频率偏移法流程图

小。过大的正反馈系数，会增加逆变器输出电流中的总谐波含量，降低并网系统的电能质量；过小的正反馈系数选择，会增加孤岛效应检测的时间，可能会引起漏判的问题，在系统重合闸时，电网及用电设备也会受到损害。

3. SMS 频移反孤岛效应策略

主动频率偏移法是基于频率的偏移扰动，即在逆变器的输出电流中插入死区来扰动电流频率以达到孤岛效应检测之目的。然而这种基于频率扰动的主动频移法在多个逆变器运

行时，会产生稀释效应而导致孤岛效应检测的失败。为克服这一不足，可以考虑采用基于相位偏移扰动的滑模频率反孤岛效应策略。滑模频移反孤岛效应策略对逆变器输出电流—电压的相位运用正反馈使相位偏移进而使频率发生偏移，而电网频率则不受反馈的影响。在滑模频移反孤岛效应策略中，并网逆变器输出电流的相位定义为前一周期逆变器输出端电压频率 f 与电网频率 f_g 偏差的函数即

$$\theta_{SMS} = \theta_m \sin\left(\frac{\pi}{2} \cdot \frac{f - f_g}{f_m - f_g}\right) \tag{5.17}$$

式中　f_m——最大相位偏移 θ_m 发生时的频率。

在 SMS 反孤岛效应策略中逆变器的电流—电压相位被设计成关于电压 U_a 的频率函数，使得在电网频率 ω_g 的附近区域逆变器的电流—电压相位响应曲线增加的比大多数单位功率因数负载的阻抗角的响应曲线快，如图 5.9 所示。

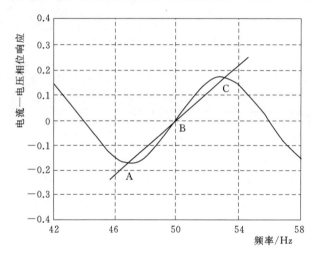

图 5.9　算法检测原理示意图

当电网连接时，并网逆变器的相位—频率工作点位于 B 点（频率为 50Hz，电流—电压相位为 0）。现在假定电网分离，当 U_a 的频率受到任何扰动使之偏离 50Hz，并网逆变器的相位响应就将导致相位差增加，而不是下降，例如孤岛发电系统中的频率向上偏移时，由于滑模频移反孤岛效应策略对相位的正反馈，并网逆变器反而加快了输出电流的频率，这就是正反馈的机理，将导致典型的不稳定。而并网逆变器在电网频率处的不稳定加强了扰动，驱使系统到达一个新的工作点，是

A 点还是 C 点由扰动的方向决定。如果并网逆变器电流—电压相位响应曲线对 RLC 负载来说，设计得很合适，那么 A 点或 C 点的频率将超出频率的正常工作范围，并网逆变器将停止运行。

4. 频移法的优缺点

对基于微处理器的并网逆变器来说，主动式频移反孤岛效应策略很容易实现，在纯阻性负载的情况下可以阻止持续的孤岛发电系统运行，与被动式反孤岛效应策略相比具有更小的 NDZ，由于增加了电网的扰动，频率偏移降低了并网逆变器输出电能的质量。

AFD 策略中不连续的电流波形还可能导致射频干扰，为了在连接有多台并网逆变器的系统中维持反孤岛效应策略的有效性，必须统一不同并网逆变器的频率偏移方向，如果一些并网逆变器采用向上频移，而另一些采用向下频移，其综合效果可能相互抵消，从而产生稀释效应，并且负载的阻抗特性可能会阻止频率偏移，从而导致 AFD 反孤岛效应策略的失效。

Sandia 频移策略由于正反馈的作用导致逆变器输出在电网跳闸后会出现更大的频率误

差，这样就得到了比 AFD 更小的 NDZ，且它兼顾考虑了检测的有效性、输出电能质量以及对整个系统暂态响应的影响，Sandia 频移策略其实质是强化了频率偏差。当连接到弱电网时，并网逆变器输出功率的不稳定可能导致系统不理想的暂态响应；并且当电网中并网逆变器的数量增多、发电量升高时，问题将更严重。

SMS 策略只需要在原有的逆变器锁相环基础上稍加改动，因而易于实现，不可检测区域相对较小；在连接有多台并网逆变器的系统中，SMS 策略不会产生稀释效应，效率不受多台逆变器并联影响；与 Sandia 频移策略一样，兼顾考虑了检测的可靠性、输出电能质量以及对整个系统暂态响应的影响。

5.3.2 功率扰动法

孤岛效应发生时最不容易检测到的情况就是逆变器输出功率与负载完全匹配，即 $P = P_{\text{load}}$、$Q = Q_{\text{load}}$。当孤岛发生时，逆变器的端电压及其频率是不发生变化的，通常方法很难检测到电网断电，逆变器继续工作从而形成孤岛发电系统。如果当功率近似匹配时，逆变器的端电压及其频率的变化将非常小，从而进入不可检测区，导致逆变器的孤岛发电系统运行。显然，可以采用一些其他的检测方法来加强孤岛效应的检测能力，如频移法，但各类频移法的共同不足就是会向电网注入谐波而影响并网系统的电能质量。为了可靠检测孤岛效应并且不向电网注入谐波，其中一种简单思路就是采用基于有功或无功扰动的反孤岛效应策略。

1. 有功功率扰动的反孤岛效应策略

前面关于孤岛效应时功率匹配的理论分析表明：系统与电网断开瞬时，孤岛发电系统运行的电压可表示为

$$U_i = \sqrt{k}\, U \tag{5.18}$$

$$k = \frac{P}{P_{\text{load}}} \tag{5.19}$$

当光伏阵列提供的功率 $P > P_{\text{load}}$ 时，逆变器的端电压 U_i 不断线性增加；而当 $P < P_{\text{load}}$ 时，逆变器的端电压 U_i 不断线性减小。

有功功率扰动法就是周期性的改变并网逆变器输出电流值的大小，同时检测逆变器 PCC 电压大小变化情况。在电网正常工作的情况下，电流的扰动不会改变电网电压的波动。当孤岛发生时逆变器检测到的逆变器输出电压将会发生大的变动，从而可以判断孤岛的发生。

（1）有功功率扰动优点如下：

1）单台并网逆变器运行时，不存在盲区。

2）并网运行时，逆变器输出电压电流严格同相位。

3）不会给电网引入谐波。

（2）有功功率扰动缺点如下：

1）影响逆变器输出功率的大小。

2）对于大功率集中型并网装置而言，人为的改变有功功率的输出会对局部电网产生

不可小视的冲击。

3）当孤岛效应中同时存在多个光伏发电并网系统供电时，难以做到对多个并网系统功率的同步干扰。

2. 无功功率扰动的反孤岛效应策略

基于有功功率扰动的反孤岛效应策略，其输出波形谐波含量较小，但在并网运行时会因有功的扰动而降低发电量，这在追求发电量的光伏系统是不可行的，因此可以考虑基于无功功率扰动的反孤岛策略。

无功功率扰动法就是周期性的改变并网逆变器的无功功率输出从而改变孤岛状态下的无功匹配度，通过频率持续变化达到孤岛效应检测。

（1）无功功率扰动优点如下：

1）输出波形谐波含量小，并网时只有极少的无功变化。

2）并网运行时，不会因扰动而降低发电量。

（2）无功功率扰动缺点为：当孤岛效应中同时存在多个光伏发电并网系统供电时，多个光伏发电并网系统需同步扰动，若无法保证同步扰动，则该方法很可能会失效。

各种孤岛效应检测方法优缺点比较见表5.2。

表 5.2　　　　　　　　　　　各种孤岛效应检测方法优缺点比较

类型	名　　称	优　　点	缺　　点
基于并网逆变器的被动式反孤岛效应策略	过/欠电压、过欠频率反孤岛策略	成本低、不影响电能质量，在多台并网逆变器系统中无稀释效应	NDZ 较大，检测时间不可预测
	基于相位跳变的反孤岛效应策略	容易实现，不影响电能质量，用在多台并网逆变器系统中无稀释效应	很难选择不会导致误动作的阈值
	基于电压谐波检测的反孤岛效应策略	检测范围大，不影响电能质量，用在多台并网逆变器系统中无稀释效应	很难选择不会导致误动作的阈值
基于并网逆变器的主动式反孤岛效应策略	主动频移法——AFD 策略	容易实现，具有更小的 NDZ	降低了电能质量，用在多台并网逆变器系统中有稀释效应
	基于正反馈主动频移——Sandia 频移策略	具有比 AFD 更小的 NDZ	降低电能质量
	滑膜频移偏移法	易实现，NDZ 小，用在多台并网逆变器系统中无稀释效应	降低电能质量
	基于有功功率扰动的反孤岛效应策略	不存在 NDZ，不会引入谐波	影响逆变器输出效率，在多个并网逆变器系统中有稀释效应，动作阈值取值难
	基于无功功率扰动的反孤岛效应策略	谐波含量小，不会降低发电量	需要多个光伏发电并网系统同步扰动，实现成本高
	阻抗测量策略	可快速得到检测结果	影响电能质量，难于实现

5.4 多逆变器并联运行时的孤岛效应检测分析

目前光伏逆变器的反孤岛效应研究主要集中于针对单台逆变器的检测算法与参数优化，而实际中常常出现的是系统连接有多台并网逆变器的情形。对于被动式孤岛效应检测策略，过/欠电压和过/欠频率反孤岛效应策略由于其简便易行而应用较多，但这两种反孤岛效应策略具有较大的不可检测区域，即在某些情况下无法检测孤岛效应的发生；相位突变反孤岛效应策略以及电压谐波检测反孤岛效应策略由于孤岛效应检测的阈值难以确定，因而也较少应用。而 AFD 反孤岛效应策略、基于功率扰动的反孤岛效应策略以及阻抗测量法等主动式反孤岛效应策略，在单台逆变器运行条件下的确比被动式反孤岛效应策略具有更小的不可检测区域。但当多台并网逆变器并联运行时，上述主动式反孤岛效应策略会因为稀释效应而使其反孤岛效应性能降低。然而，在主动式反孤岛效应策略中，基于正反馈的主动频移法和滑模频率偏移法在多台并网逆变器并联运行的条件下仍然可以保持较小的不可检测区域。

5.4.1 部分逆变器使用被动式反孤岛效应策略

光伏并网逆变器通常采用了基于单位功率因数的正弦波电流直接控制模式，因此可将只采用被动式孤岛效应检测的并网逆变器等效为一个负电阻，即向电网输送有功而不是消耗有功。因此，当系统中有多台并网逆变器并联运行时，可将采用被动式孤岛效应检测方式的并网逆变器与本地负载等效为统一的电阻。对于新的等效负载，相同的负载谐振频率 f_0 条件下，负载品质因数是增大的，显然，这种情况增加了孤岛效应发生的概率。

$$R_{eq} = \frac{R}{1 - K_{UPFpu}} \qquad (5.20)$$

式中　R——本地负载电阻；

　　K_{UPFpu}——采用被动式孤岛效应检测的逆变器输出有功功率占本地负载消耗有功功率的比例为

$$Q_{feq} = \omega_0 R_{eq} C = \frac{Q_f}{1 - K_{UPFpu}} \qquad (5.21)$$

5.4.2 使用 AFD 和 SMS 策略

设使用 AFD 策略的并网逆变器的频率偏移为 Δf，为本地负载提供了比例为 K_{UPFpu} 的有功功率；设使用 SMS 策略为本地负载提供了比例为 $1 - K_{UPFpu}$ 的有功功率。

系统同时使用 AFD 和 SMS 策略时的不可检测区域的示意图，如图 5.10 所示。可以看出，随着使用 AFD 策略进行孤岛效应检测的逆变器为本地负载提供的有功功率的比例 K_{UPFpu} 增大，不可检测区域也随之增大。

5.4.3 使用 AFD 和 Sandia 策略

AFD 法施加单方向的扰动，使系统向频率增加的方向移动；Sandia 法使系统频率既可向增加也可向减小的方向移动，主要取决于本地负载的特性。因此，多机系统中同时存在这两种策略时会相互影响。

设使用 AFD 策略的并网逆变器的频率偏移为 Δf，为本地负载提供了比例为 K_{UPFpu} 的有功功率；使用 Sandia 法为本地负载提供了比例为（$1-K_{\text{UPFpu}}$）的有功功率。

系统同时使用 AFD 和 Sandia 策略时的不可检测区域如图 5.11 所示。由图 5.11 可以看出，随着使用 AFD 策略进行孤岛效应检测的逆变器为本地负载提供的有功功率的比例 K_{UPFpu} 增大，不可检测区域也随之增大。

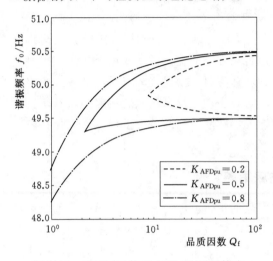

图 5.10　系统同时使用 AFD 和 SMS 策略时的不可检测区域

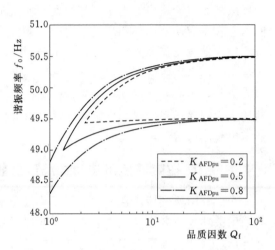

图 5.11　系统同时使用 AFD 和 Sandia 策略时的不可检测区域

5.4.4　系统中两台逆变器均使用 Sandia 策略

使用 Sandia 作为孤岛效应检测策略时，如果频率大于参照频率，由于反孤岛效应策略的作用，频率会进一步上升，反之则会下降，系统仅使用 Sandia 策略时的不可检测区域如图 5.12 所示。

5.4.5　系统中两台逆变器均使用 SMS 策略

当不考虑多逆变器并联的情形时，系统使用 SMS 策略时的不可检测区域如图 5.13 所示。

针对多并网逆变器系统的孤岛效应检测问题分析，可以得出以下结论：

（1）当系统中同时使用主动式和被动式孤岛效应检测策略时，被动式孤岛效应检测策略的使用增大了不可检测区域，增大了孤岛效应发生的概率。

（2）当系统中同时使用两种主动式孤岛效应检测策略时，检测效果介于这两种孤岛效应检测策略之间，并且随着使用较差的策略进行孤岛效应检测的逆变器为本地负载提供的有功功率的比例的增大，不可检测区域也随之增大，导致孤岛效应发生概率的增加。

（3）当系统中仅使用 Sandia 策略或 SMS 策略进行孤岛效应检测时，对孤岛效应检测性能影响较小。

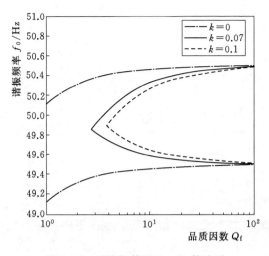

图 5.12　系统仅使用 Sandia 策略时的不可检测区域

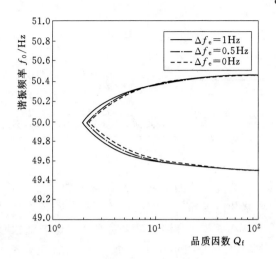

图 5.13　系统仅使用 SMS 策略时的不可检测区域

习　　题

1. 什么是孤岛效应？
2. 光伏发电并网系统孤岛效应发生的必要条件是什么？
3. 孤岛效应危害有哪些？
4. 什么是过/欠电压反孤岛策略？
5. 什么是过/欠频率反孤岛策略？
6. 简述 AFD 反孤岛效应策略。
7. 简述 Sandia 频移方案的优缺点。
8. 简述基于相位跳变的反孤岛策略基本原理。
9. 简述各种类型反孤岛效应策略的异同。
10. 简述当系统同时使用两种主动式孤岛检测策略时，检测效果会发生何种变化？

第6章 最大功率点跟踪（MPPT）方法

通过本章的学习，了解最大功率点跟踪（Maximun Power Point Tracking，MPPT）控制的原理和常用方法，重点掌握闭环 MPPT 方法。

本章首先介绍了最大功率点跟踪控制的原理；然后重点介绍了基于电压定向和电流定向的开环 MPPT 方法、基于扰动观测法和电导增量法的闭环 MPPT 控制方法、智能MPPT 方法和两极式 MPPT 方法；最后介绍 MPPT 方法的其他问题，包括光伏阵列的多峰值特性、两步法、改进的全局扫测法和 MPPT 方法的能量损耗问题。

6.1 概　　述

在工业与经济快速发展的今天，人们面临的两个主要问题就是能源短缺与环境污染问题。为了缓解能源危机与大气污染严重的问题，需要寻找一种新型无污染又可以持续发展的绿色能源来逐渐替代传统的化石能源。太阳能作为一种类似"无限无尽"的能源逐渐走进了人们的生活，因其储量丰富而且不会造成污染的特点受到人们的青睐。但是光伏发电发展至今仍有许多问题需要去解决，其中制约光伏发电发展的一大问题就是光电转换效率低。光伏发电系统最重要的研究方向就是如何提高光伏发电系统的光电转换效率，而其中对光伏发电系统进行最大功率点跟踪控制是一个有效的途径来提高光伏发电系统的功率输出，其原理是控制光伏发电系统始终运行在最大功率点或者是接近最大功率点，使光伏发电系统的功率上升。

影响光伏发电系统效率的最关键一项技术就是寻找发电时的最佳工作点，它是光伏发电应用领域中很重要的一项，在实际的光伏应用中，影响电池的利用率的因素有很多，不仅与内部特性有关，并且外界环境温度、光强、负载等因素同样会对其输出特性带来一定的影响。在不同的运行环境下，光伏组件运行在最大功率点时，具有最好的工作状态，能够最大限度地完成能量转换。利用控制方法实现光伏组件的最大功率输出运行的技术被称为最大功率点跟踪。目前，最常用的 MPPT 方法有定电压跟踪法、短路电流比例系数法、扰动观测法、电导增量法，还有新型智能 MPPT 方法，包括基于模糊理论的 MPPT 方法和基于人工神经网络的 MPPT 方法。

6.2 最大功率点跟踪控制的原理

在光伏发电系统中，通过测量其中电池的转换效率可以有效衡量系统的发电指标，系统中的电能由光伏阵列提供，而光伏阵列能够将能量进行充分的转换对整个光伏发电系统起着重要的作用。现如今，制约光伏发电技术发展的一个主要因素就是低转换效率和高成本，所以为了发展光伏产业，提高光伏电池的光电转换效率是主要解决办法。由上面的分析能够发现，光伏组件的输出功率特性受温度和光照强度的因素影响较大，在外界环境突变时，光伏组件的输出特性会发生很大的变化，而正常的条件下温度和光照强度在一天当中是不断变化的，光伏组件的输出功率也是不断变化，只有在某一个特定的温度和光照强度条件下，光伏组件才能工作在某一个工作点上，此时其输出功率达到峰值，那么这个工作点就叫做光伏组件的最大功率点（MPP）。因此，若想提高电池的转换效率，就要使发电装置在不同的温度和光强变化下始终保持在 MPP 上，或者工作在 MPP 附近，这样就可以提高光伏组件的转换效率，达到降低发电成本的目的。这个追寻 MPP 的工作过程就叫做最大功率点跟踪（MPPT）。

光伏组件的输出特性是非线性变化的，若在一段很短的时间里，可以假设光伏组件的输出特性是线性变化的，可以用线性的电路方式对光伏发电系统 MPPT 过程的原理进行分析，其等效电路图如图 6.1 所示。

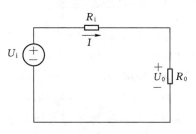

图 6.1 光伏发电系统 MPPT 等效电路

图 6.1 中，U_i 为电压源的电压，I 为流过等效电路的电流，R_i 为电压源的内阻，R_0 为负载电阻，根据等效电路图可知负载电阻 R_0 消耗的功率为

$$P_{R_0} = I^2 R_0 = \left(\frac{U_i}{R_i + R_0} \right)^2 R_0 \qquad (6.1)$$

式（6.1）中的 U_i、R_i 均为常数，所以可以将等式两边分别对 R_0 求导，得到

$$\frac{\mathrm{d} P_{R_0}}{\mathrm{d} R_0} = U_i \frac{R_i - R_0}{(R_i + R_0)^3} \qquad (6.2)$$

令 $\frac{\mathrm{d} P_{R_0}}{\mathrm{d} R_0} = 0$，即当 $R_i = R_0$ 时，P_{R_0} 可以取得最大值。

经过分析可以得知，当电源内阻等于负载阻值时，负载的输出功率可以达到峰值。但在现实应用过程中，光伏组件的内阻受温度、光照强度等环境因素影响较大，其数值是在不断变化的，因此可以在光伏组件与负载之间连接一个 DC/DC 变换器，通过调节 DC/DC 变换器，使等效电阻与光伏组件处于 MPP 时的内阻相等，这样就可以实现 MPPT。另外，当电源内阻等于负载电阻时，其两端的电压均为电源电压的 1/2，这样进行 MPPT 时也可以通过调节负载电阻两端的电压使其等于电源电压的 1/2 来实现。

6.3　基于输出特性曲线的开环 MPPT 方法

在光伏发电系统中，光伏组件的利用率除了与光伏组件的内部特性有关，还受使用环境如辐照度、负载和温度等因素的影响，相同温度而不同光照强度条件下光伏组件特性，如图 6.2 所示。

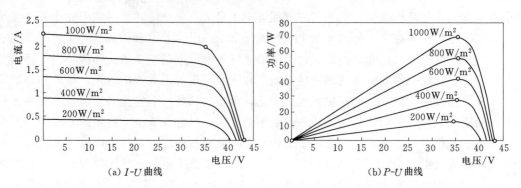

　　(a) I-U 曲线　　　　　　　　　　　(b) P-U 曲线

图 6.2　相同温度而不同光照强度条件下光伏组件特性

6.3.1　定电压跟踪法

　　定电压跟踪法（Constant Voltage Tracking，CVT）为一种较简单的 MPPT 方法，是不计温度对输出特性的影响，并且试图将光伏组件的输出电压控制在最大功率点附近的电压点处，使太阳电池能够输出尽可能多的功率。

　　由图 6.2（b）可以看出，当温度 T 固定，光照强度 S 不同时，在一条垂直的直线两侧附近可以看到分布着光伏组件不同情况下的 MPP，即光伏组件在 MPP 处的电压 U_{mpp} 基本固定，是一个定值。这样，若可以将光伏组件的输出电压固定在 MPP 附近的某一个电压处，就可以使这个阵列获得最大的功率输出，这种 MPPT 方法被称为定电压跟踪法。

　　通过探讨后发现，光伏阵列的最大功率点电压 U_{mpp} 与开路电压 U_{oc} 存在的大致联系是近似的线性，即

$$U_{mpp} \approx K_1 U_{oc} \tag{6.3}$$

　　其中，光伏组件内部特性决定了系数 K_1 的值，一般取 $K_1 = 0.8$。

　　CVT 方法是一种简化的进行寻找最大功率点的方法，它实际上是一种开环的 MPPT 方法，这种控制方法控制容易、快速并且可以轻松实现，不易发生振荡或误判现象。但控制的适应性很差，因此无视温度对光伏组件输出电压的影响，这将导致在温度 T 变化较大的地区，它的控制精度将受到很大的影响，不能在所有的环境温度下均实现良好的最佳功率点探寻过程。因此，这种 MPPT 方法仅适用于外界环境稳定，温差变化不大且对控制精度要求不高的地区使用。

6.3.2　短路电流系数法

　　这一方法是指在温度不会剧烈变化的情况下，研究光伏组件的最大功率点电流 I_{mpp} 与光伏短路电流 I_{sc} 之间的线性关系，即

$$I_{mpp} \approx K_2 I_{sc} \tag{6.4}$$

　　其中 K_2 为比例系数，由所选光伏组件特性决定，一般取 $K_2 = 0.9$。这种方法的优点在于操作简洁，但是由于式（6.4）并不十分准确，并不能使光伏组件工作在真正的最大功率点上，在追踪过程中会丢失部分功率，不推荐使用这种方法进行追踪。

6.4 闭环 MPPT 方法

6.4.1 扰动观测法

1. 基本原理

扰动观测法（Perturbation and Observation，P&O）为现阶段在应用中常使用的最大功率点跟踪方法之一。它的主要工作原理是在固定的时间间隔内对光伏组件的工作电压进行扰动，改变电压值然后观测其功率变化情况，若功率与之前测量的功率值相比增加了，则证明这个扰动方向正确，可继续按照同一方向进行扰动；若扰动后的输出功率值比之前小，则说明扰动方向不对，应向相反方向继续进行，这样不断地进行扰动，最终光伏组件的工作电压将逐渐向最大功率点电压逼近，使得光伏组件能够在最佳的功率点附近运行。扰动观测法进行最大功率点跟踪示意图如图 6.3 所示，流程图如图 6.4 所示。

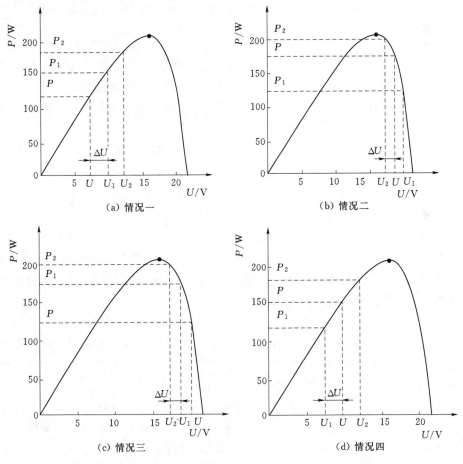

（a）情况一 （b）情况二

（c）情况三 （d）情况四

图 6.3 扰动观测法 MPPT 过程示意图

图 6.3 中四种情况说明如下：

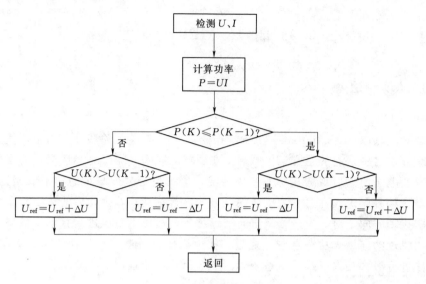

图 6.4　扰动观测法流程图

（1）如图 6.3（a）所示，最初测得系统输入电压、输入电流并计算出当前输出功率后，对输入电压加以扰动增大输入电压，使输入电压为 $U_1 = U + \Delta U$。若加了扰动后，系统输出功率大于最初测得的系统输出功率，可以得出，加入扰动后的系统输出功率小于最大输出功率，即加入扰动后系统的工作点仍处于最大功率点的左侧。所以需要继续按照这个扰动方向增大输入电压，使输入电压 $U_2 = U_1 + \Delta U$。

（2）如图 6.3（b）所示，同样是对输入电压加以扰动增大输入电压，使入电压为 $U_1 = U + \Delta U$。但加了扰动后系统输出功率小于最初测得的系统功率，可以得出，加入扰动后的系统输出功率小于最大输出功率，即加入扰动后系统的工作点处于最大功率点的右侧。所以需要按照与这个扰动相反方向减小输入电压，使输入电压 $U_2 = U - \Delta U$。

（3）如图 6.3（c）所示，对输入电压进行减小的扰动，使 $U_1 = U - \Delta U$。若加了扰动后系统输出功率大于最初测得的系统输出功率后，可以得出，加入扰动后系统输出功率小于最大输出功率，即加入扰动后系统的工作点处于最大功率点的右侧。所以需要按照这个扰动方向减小电压，使输入电压 $U_2 = U_1 - \Delta U$。

（4）如图 6.3（d）所示，对输入电压进行减小的扰动，使 $U_1 = U - \Delta U$。若加了扰动后系统输出功率小于最初测得的系统输出功率后，可以得出，加入扰动后系统输出功率小于最大输出功率，即加入扰动后系统的工作点处于最大功率点的左侧。所以需要按照与这个扰动相反的方向改变电压，使输入电压 $U_2 = U + \Delta U$。

遵循（1）～（4）介绍的四种扰动规则对系统的输入电压进行扰动，使得当前的工作点逐步移动逼近最大功率点。扰动观测法在进行扰动时，可以将扰动增量设置为固定值，这种方法为定步长扰动法，按上述（1）～（4）介绍的四种扰动规则均固定扰动量，属于定步长扰动法。若扰动增量不固定，这种方法为变步长扰动法。

扰动观测方法简明通俗，探寻过程跟踪容易实现，不需要高精度的传感器，所需要的测量参数也比较少，是一种应用十分方便的 MPPT 方法。但它同时也具有一些缺陷，扰动观测法中扰动电压步长和扰动初始电压值对跟踪的精度和跟踪速度有很大影响，如果选择的不当，有可能引起跟踪所需时间过长，甚至偏离最大功率点的现象发生，若所选步长过大，则会造成在接近最大功率点时往复振荡的范围增加，导致功率损失；若所选步长过小，则会使跟踪速度过慢，在较低的功率范围内停留时间过长，造成功率损失，同时环境范围改变会造成误判现象。所以在温度和光照强度变化迅速的区域内，不适合使用这种扰动观测方法。有时，当选择了一个合适的固定步长时，会有新的状况发生，若选择的步长是一个恒定数值，当系统运行在最大功率点两侧时，会发生不论是增加步长值或减小步长值，都恰好错过了最大功率点的值，这将永远不能到达最大功率点，系统将会在最大功率点附近振荡，造成较大的功率损失，甚至会造成光伏阵列使用寿命缩短的现象发生。产生振荡的最根本原因就是电压扰动方法不是连续的步长，所以必将造成能量损失。产生误判的根本原因就是温度、光照强度等外界环境因素的剧烈变化导致的，这些是扰动观测法应用过程中可能会遇到的问题。

该方法是目前实际应用中常常推荐使用的，具体操作原理是改变光伏组件的输出电压，然后观测输出功率的变化，根据输出功率变化趋势改变后续扰动方向，来确定系统的最佳工作点。这种方法不过分繁杂，但是仍存在振荡和误判的问题，所以进而提出了扰动观测法的改进。

2. 振荡和误判问题

使用定步长的扰动观测法，会出现工作点在最大功率点两侧做往复运动的情形。第一种情形是电压扰动后系统的工作点将位于最大功率点（MPP）P_{mpp}右侧的P_2点；第二种情形是电压扰动后系统正好工作于最大功率点P_{mpp}处。

（1）第一种情形。调整后系统的工作点将位于最大功率P_{mpp}右侧的$P_2(U_2)$点，如图6.5所示，此时将存在以下3种可能：

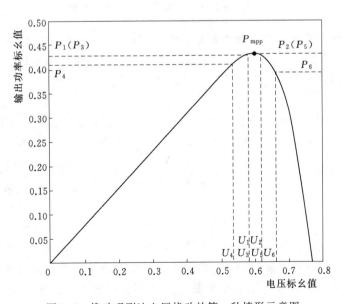

图 6.5 扰动观测法电压扰动的第一种情形示意图

1）若 $P_2 < P_1$，则系统应改变扰动方向，减小工作点电压值，这样，光伏组件的输出功率会在最大功率点附近以 P_2—$P_3(P_1)$—P_4 三点方式振荡，并导致功率损失。

2）若 $P_2 > P_1$，光伏组件的输出功率会在最大功率点附近以 P_1—$P_2(P_5)$—P_6 三点方式振荡，并导致功率损失。

3）若 $P_2 = P_1$，光伏组件的输出功率会在最大功率点附近以 P_1—P_2 两点方式振荡，并导致功率损失。

（2）第二种情形。调整后系统的工作点正好是最大功率点 P_{mpp}，其电压扰动及三点振荡的过程如图 6.6 所示。

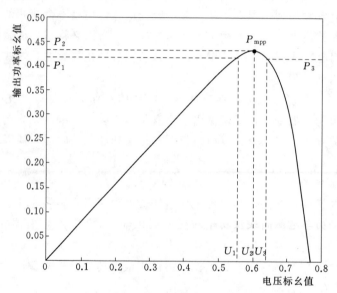

图 6.6　扰动观测法电压扰动的第二种情形示意图

以上分析表明：基于扰动观测方法的 MPPT 控制一定存在功率点附近的振荡，振荡的基本形式有两点振荡和三点振荡，产生振荡的根本原因是电压扰动的不连续（即有一定的步长）所导致的，振荡的后果将产生能量的损失。

3. 改进办法

（1）基于变步长的扰动观测法。梯度法是一种传统且被广泛用于求取函数极值的方法。它的基本思想是选取目标函数的正（负）梯度方向作为每步迭代的搜索方向，逐步逼近函数的最大（小）值。由于光伏组件的 P-U 特性曲线具有典型的单峰非线性特性，而最大功率跟踪法的目的是要在 P-U 特性曲线上求得曲线的最大值，由此可采用最优梯度法实现 MPPT。

最优梯度法中扰动步长的计算涉及光伏组件的数学模型，而数学模型中的相关参数在实际中难以准确获得，为此提出了一种更为实用的基于变步长的扰动观测法，即逐步逼近法，其基本思路为：开始搜索时，首先选择较大的步长搜寻最大功率点所在的区域，然后在每一次改变搜索方向时按比例缩小步长，同时等比例地缩小搜索区域，进行下一轮搜索，这样搜索到的最大功率所在的区域将缩小一半，精度提高一倍，再如此循环下去，直至逼近最大功率点。

（2）基于功率预测的扰动观测法。上述基于变步长的扰动观测法虽然有效地解决了 MPPT 跟踪速度和精度间的矛盾，但是仍然无法克服扰动观测法的误判问题。而基于功率预测的扰动观测法可以有效地克服误判，其基本原理讨论为：基于定步长的扰动观测法是基于静态的 P - U 特性曲线进行 MPP 搜索的，而实际上，辐照度是时刻变化的，即 P - U 特性曲线一直处于动态的变化过程中。如果能在同一时刻测得同一辐照度下 P - U 特性曲线上电压扰动前后所对应的两个工作点功率，并进行扰动观测法判定，那么就不会存在误判现象，显然这是不可能实现的。实际上，同一辐照度下 P - U 特性曲线上电压扰动前的工作点功率，可以通过预测算法而获得，利用这一预测的功率以及同一辐照度下 P - U 特性曲线上电压扰动后检测的工作点功率就可以实现基于扰动观测法的 MPPT，并可以有效地克服误判。

6.4.2 电导增量法

1. 基本原理

在进行最大功率点跟踪时，必须要保证算法的跟踪精度，这样才能使系统的效率更高。这一问题可以通过寻找电导变化率和电导的关系作为最大功率点的依据，这就是电导增量法（Incremental Conductance Method，INC），也是目前应用较广泛的一种探寻最佳功率点的算法，功率电压曲线及功率对电压变化率如图 6.7 所示。这种算法是通过分析光伏阵列的电导瞬时值和电导变化率之间的关系来寻找最佳的功率输出点的。根据光伏组件的 P - U 曲线可以得出，在 MPP 处时 $\dfrac{\mathrm{d}P}{\mathrm{d}U}=0$。光伏组件的瞬时输出功率为

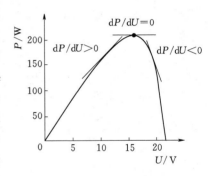

图 6.7 光伏组件 P - U 特性的 $\mathrm{d}P/\mathrm{d}U$ 变化特征

$$P=UI \tag{6.5}$$

将式（6.5）两端同时对电压 U 求导可得

$$\frac{\mathrm{d}P}{\mathrm{d}U}=I+U\,\frac{\mathrm{d}I}{\mathrm{d}U} \tag{6.6}$$

根据在最大功率点处 $\mathrm{d}P/\mathrm{d}U=0$，可以得到当系统获得最佳的输出状态时具有如下关系，即

$$\frac{\mathrm{d}I}{\mathrm{d}U}=-\frac{I}{U} \tag{6.7}$$

因此，可以得出如下判定 MPP 的判据：

（1）若 $\dfrac{\mathrm{d}I}{\mathrm{d}U}=-\dfrac{I}{U}$，目前系统运行于最大功率点。

（2）若 $\dfrac{\mathrm{d}I}{\mathrm{d}U}>-\dfrac{I}{U}$，目前系统运行于最大功率点左侧。

（3）若 $\dfrac{\mathrm{d}I}{\mathrm{d}U}<-\dfrac{I}{U}$，目前系统运行于最大功率点右侧。

使用电导增量法进行光伏系统的 MPP 跟踪控制的流程图如图 6.8 所示。在这种算法中 $I(k)$ 和 $U(k)$ 分别为光伏发电系统在当前工作点的输出电流和输出电压，$I(k-1)$ 和 $U(k-1)$ 分别为光伏发电系统在上一次采样时的输出电流和输出电压，dU 为输出电压的变化量，U_{raf} 为光伏组件输出电压参考值。

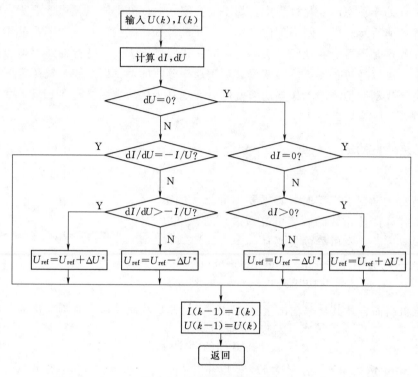

图 6.8　电导增量法流程图

电导增量法是以光伏组件的特性曲线为依据来进行最大功率点跟踪的，而特性曲线的属性改变与外界环境的改变和时间的变化无关，所以原理性误差在电导增量法中很小。且外部因素对最大功率点的判断影响较小，在环境变化时跟踪能力仍能保持在一个较好的水平下，控制稳定性高，从而使用这种方法时的误判现象也比较小。当系统跟踪到最佳输出状态点时将不会继续扰动，功率振荡相对较小，控制精度高，控制速度也很快，适用于环境变化较大，对控制精度、稳定性和速度要求较高的大型光伏发电并网系统。但与此同时电导增量法也具有一些劣势，主要体现在电导增量法控制算法繁复，需要较高的硬件标准，尤其是对系统内传感器的精度和响应速度要求都比较高，从而导致系统成本的增加。此外，电导增量法对步长的选择也十分重要，若步长选择较大，可以提高系统的跟踪速度，但是会导致光伏组件的输出功率在最大功率点附近不断振荡，很难稳定在最大功率点处，造成较大的误差和功率损失。若选择的步长过小，又会降低系统的跟踪速度，使系统长时间工作在较低的功率输出状态下。因此，在实际应用中，使用电导增量法进行最大功率点跟踪时通常会给出一个阈值 E，通常认为 $|dP/dU| \leqslant E$ 时系统就已经处于 MPP 处，此时不再进行工作电压的扰动，理论上阈值 E 值越小越好，但实际中若它太小，有可能导致系统一直无法达到稳定，系统将在一定范围内发生振荡。

电导增量法目的是寻找系统工作在 MPP 时电导和电导变化率间的关系，可通过研究光伏组件输出功率随输出电压变化率而变化的规律来实现。最终来找到光伏电池的 MPP。该算法与扰动观测法类似，同样存在振荡和误判的问题。

2. 电导增量法的优缺点

（1）优点。能够快速准确地使系统工作在最大功率点，不会像扰动观测法那样在最大功率点附近反复振荡，并且当外界光照等条件剧烈变化时，电导增量法也能很好地快速进行跟踪，系统运行效果较好。

（2）缺点。需要反复进行微分运算，系统的计算量较大，需要高速的运算控制器。而且对传感器精度要求非常高，否则会出现误判断的情况。因此使用传统的电导增量法进行控制的系统成本相对较高，模型计算过程也相对复杂，控制效率不高。

3. 改进

可利用梯度变步长电导增量法，即通常定步长的 MPPT 只能在动态响应和减小稳态振荡之间取一个折中，不能同时实现两者的最优化。变步长 MPPT 算法，可以解决这个两难的问题，能简单有效的提高 MPPT 的精度和速度。

梯度变步长电导增量法是利用光伏组件 $P-U$ 曲线上工作点的梯度变化来实现变步长的。

6.5 新型 MPPT 方法

新能源发电并网存在诸多问题。其中，风电、光伏发电的发电量受环境影响较为明显。对风电机组而言，其功率输出量主要取决于风速，然而风速是时刻变化的，风电机组并网要时刻根据风速的变化来调整自己的控制以期获得最大的风能输出；而光伏发电主要受外界温度和光照强度的影响，外界温度变化比较平缓，而光照强度却可能变化剧烈，尤其是在多云天气环境下，光伏出力变化会比较剧烈。如何使风电机组、光伏阵列能够根据外界环境最大限度地发电是一个重要问题。在 MPPT 方法中，模糊逻辑控制和人工神经网络控制方法得到了一定的应用。

模糊逻辑控制引用到 MPPT 方法中，是通过模糊控制系统将采集到的各种数据进行快速的运算，发现当前的工作点与 MPP 之间的位置关系，从而改变工作点的电压值，以达到使系统一直工作在 MPP 处的最终目的。根据下式

$$E(k) = \frac{P(k) - P(k-1)}{I(k) - I(k-1)} \tag{6.8}$$

$$CE(k) = E(k) - E(k-1) \tag{6.9}$$

其中 $P(k)$ 和 $I(k)$ 代表了光伏组件的输出功率和输出电流的第 k 次采样值，$E(k)$ 代表误差，$CE(k)$ 代表误差的变化率，当 $E(k) = 0$ 时，则表明光伏组件已经到达了 MPP 处。

人工神经网络算法是通过收集各项光伏组件的参数，例如开路电压、短路电流、光照强度和温度等参数，并且系统对这些数据进行学习记忆，得到光伏组件输出特性参数与最大功率点之间的关系，从而确保光伏阵列一直工作在 MPP 处。这种方法的不足点是在应用到系统前需要学习记忆大量的复杂数据，消耗大量的时间且运算复杂。

6.5.1 基于模糊理论的 MPPT 方法

模糊理论（Fuzzy Logic）的创始人是美国的 L-A. Zadeh 教授，模糊理论于 1965 年

在模糊集合的数学理论基础上发展而来。模糊理论应用最广泛的领域是模糊控制领域，它能解决很多传统的控制理论无法解决的复杂的控制问题。将不确定的事物作为其控制目标，运用模糊集合的概念来分析问题，该理论不主张用复杂的数学模型来分析问题，而是希望把控制目标转变为计算机可以识别的控制量。模糊控制从创始至今，在各行各业得到了大量应用，促进了模糊控制的迅速发展及普及。20 世纪 80 年代以来，模糊控制的思想和理论已经逐步成熟，其控制方法也在不断地发展壮大，不断地完善。它有着传统的控制方法所没有的优势，对于复杂的非线性系统，其控制尤为有效。模糊控制是对一些无法构造数学模型的被控过程进行有效控制。语言变量的概念是模糊控制的基础。基本模糊控制系统包括模糊化处理、模糊推理和非模糊化控制三个环节。

模糊化处理就是把输入变量映射到一个合适的相应模糊量的过程，这样，精确的输入数据就变换成适当的语言值或模糊集合的标识符。一般的模糊控制器采用误差及其变化作为输入语言变量。所谓模糊推理，即针对输入的语言变量按照一定的模糊规则，给出对应的输出语言变量值。非模糊化即精确化，它是模糊系统的重要环节，是将模糊推理中产生的模糊量转化为精确量。常见的非模糊化方法主要有平均最大隶属度值法、中位数法、加权平均法。

模糊控制实质上是利用人的经验知识的一种专家式控制方法。模糊控制的核心用语言描述控制规则，最大特征是将人的经验表示成语言控制规则，然后再用控制规则去控制系统。因此，模糊控制特别适用于数学模型未知的、复杂的非线性系统。而风电系统、光伏发电系统正是强非线性系统，难以用精确的数学模型描述出来，因此采用模糊控制的方法来进行风电机组或光伏阵列的最大功率点跟踪是非常合适的。该方法能弥补一些传统控制方法的缺点，如控制参数的灵敏性、适用范围的限制等，基于此，提出了一种模糊控制策略下的 MPPT 方法。

风电机组是风力发电系统中一个不可缺少的组成部分，其吸收的最大风功率与风速成正系数关系。风电机组 MPPT 方法就是在不同风速下控制风电机组转速向最佳转速变化，使实际输出功率曲线与最佳功率曲线吻合。

充分利用风能是风电机组的主要控制目的之一，传统的转速爬山法可以实现最大风能利用，此法可以在不检测风速的条件下实现最大风能的捕获，但其步长固定不可变，无法兼顾快速性和稳定性。为进一步提高风电系统效率，提出了模糊控制法，即一种基于模糊控制的变步长转速爬坡法。该方法是动态的改变转速的变化步长跟踪方法，可以使风电机组更快更平滑的追踪到最大功率点，是一种比传统方法更优的 MPPT 方法。

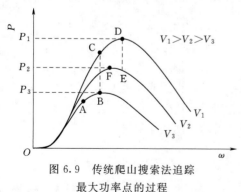

图 6.9　传统爬山搜索法追踪
最大功率点的过程

传统的转速爬山法可以实现最大风能利用，此法可以在不检测风速的条件下实现最大风能的捕获。又因其实现简单且独立于风机特性，因而爬山法应用广泛。

传统爬山搜索法追踪最大功率点的过程如图 6.9 所示。基本原理是：如果转速前一时段的增加量 $\Delta\omega$ 造成了机械功率 ΔP 的增加，则 $\Delta\omega$ 按原有方向继续进行；若反之，$\Delta\omega$ 造成了机械功率 ΔP 的减少，则转换 $\Delta\omega$ 搜索方向，

即 $\Delta\omega$ 由正变负或由负变正。

爬山法的工作原理详细描述如下：假设当前风电机组运行在图 6.9 特性曲线的 A 点，当前风速为 V_3，增加风电机组转速，检测相对应的机械功率。与前一时刻相比，该功率有所增加。搜索方向正确，下一步持续该搜索方向，继续增加风机转速。当搜索过了 B 点，检测到的机械功率会减少，这时，搜索过程会反向，即降低风机转速。此搜索过程会持续到特性曲线斜率变为零，即风电机组开始以最大功率点输出功率，如图中 B 点。

若风速由 V_3 升为 V_1，风电机组运行点会立即由 B 点变为 C 点。C 点所对应的特性曲线斜率为正，风电机组转速会增加，风电机组运行在风速 V_1 对应的最大功率运行点，即 D 点。当风速由 V_1 降为 V_2 时，风电机组也会遵循同样的原理，其运行点也将最终由 D 转变为运行点 F。

传统爬山法的流程图如图 6.10 所示。

模糊控制是一种基于模糊逻辑的智能 MPPT 方法，它具有良好的控制精度和较好的动态性能，并且可以适应外界环境特征变化，跟踪速度很快并且稳定性很好，不需要搭建准确的数学模

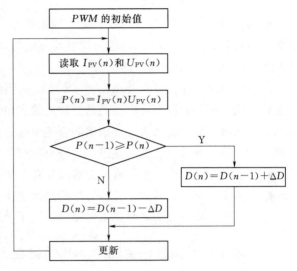

图 6.10　传统爬山法的流程图

型，常常适用于无法使用精确的数学来表示的对象。但是它同样具有一些缺点，它的应用成本较高，算法电路复杂，依赖于人的经验控制，局限性和随机性均较大。因此这种基于模糊理论控制的 MPPT 方法实现起来十分复杂，需要丰富的经验知识。

6.5.2　基于人工神经网络的 MPPT 方法

基于人工神经网络的 MPPT 方法是一种新型的人工智能技术，它可以通过对以前的样本示例等进行记忆学习，然后解决新的问题，当工作点中某一点的输出条件与最大功率点相同，则认定这一点为最大功率点并且输出该工作点的值。常见的多层神经网络结构包含输入层、隐含层和输出层三层神经元。在光伏发电系统中，输入变量通常可以是光伏组件的短路电流、开路电压或者外界环境条件如光照强度或温度等单一参数，或者是它们的与集，输出信号即经过调制后的输出电压或变流器占空比信号等。在这个过程中，外部源发送出来的各种数据可以经过一系列传输至输入层，输出层向外部设备传递信息，在一个人工神经网络中，输入层和输出层之间存在隐层，即存在多层过渡层，在人工神经网络中通常使用反向传播算法来对系统进行记忆训练。

基于人工神经网络的 MPPT 方法前期需要十分多的采样样本，针对各种不同的光伏阵列，以及不同的特性参数，系统需要对各种光伏阵列均进行详细的有针对性的训练记忆，这个过程往往需要很长的时间，这就在一定程度上加大了这种方法的成本。但是，一

旦完成了这个训练过程，在此之后，只要将所需要进行最大功率点跟踪的光伏发电系统的参数输入到该系统中，它便可以迅速的进行匹配，寻找到最大功率点，这便是其他控制方法所不具有的优点。

6.6　两级式 MPPT 方法

前面介绍的 MPPT 方法均没有融入到系统中，只是单纯介绍 MPPT 方法，这节开始主要介绍在系统中的 MPPT 问题，逆变器按实现 MPPT 的拓扑类型不同分多种形式，其中两级式 MPPT 方法应用广泛。

常用的两级式逆变器主要由前级 DC/DC 变换器（常用 Boost 变换器）和后级的网侧逆变器组成。一般情况下，由于光伏组件的输出电压通常都低于电网电压的峰值，因此要实现发电并网，应先将光伏组件输出的直流电通过前级 Boost 变换器升压后再输出给后级的网侧逆变器，通过控制将网侧逆变器输出的交流电并入工频电网，其中直流母线部分的作用是连接 Boost 变换器和网侧逆变器，并实现功率传递的作用。由于两级式逆变器中存在两个功率变换单元，因此，光伏组件的最大功率点跟踪控制既可以由前级的 Boost 变换器完成，也可以由后级的网侧逆变器完成，以下分别进行分析。

6.6.1　基于后级网侧逆变器的 MPPT 方法

基于后级网侧逆变器实现 MPPT 如图 6.11 所示。其中，前级的 Boost 变换器通过其开关占空比的控制使中间直流母线的电压恒定，从而平衡前、后级能量输出，而后级网侧逆变器则要完成 MPPT 以及并网逆变控制（单位功率因数正弦波电流控制）。

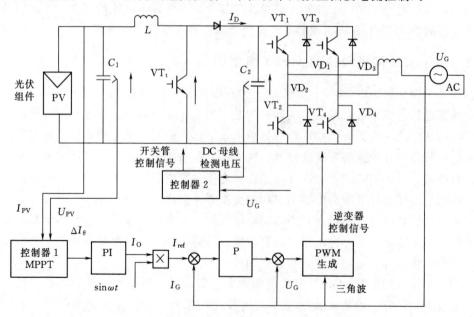

图 6.11　基于后级网侧逆变器的 MPPT 方法

图 6.11 中，控制器 1 为最大功率点跟踪控制；控制器 2 为单位功率因数正弦波电流控制和直流侧稳压控制。

在基于后级网侧逆变器的 MPPT 中，首先根据 MPPT 方法得到网侧逆变器输出指令电流幅值的变化量，再经过 PI 环节得到网侧逆变器输出指令电流幅值的调节量，将其和电网电压同步的单位正弦信号相乘得到网侧逆变器输出指令电流的瞬时值将其与网侧检测电流瞬时值的差值经过一个比例调节器调节后，与电网电压前馈信号共同合成调制波信号，最终与三角波比较后得到实现 MPPT 方法的 PWM 控制信号，从而实现 MPPT 以及单位功率因数正弦波电流控制。

在整个系统的控制过程中，前、后级的控制响应速度要保持一定的协调，以确保能量传输的动态平衡，从而使 DC 母线电压稳定。为此，在控制系统设计时，前级 Boost 变换器的响应速度应快于后级网侧逆变器的响应速度。

6.6.2　基于前级变换器的 MPPT 方法

相较于基于后级网侧逆变器的 MPPT 方法，实际中较为常用的则是基于前级 DC/DC 变换器的 MPPT 方法，该方案也可以在实现 MPPT 方法的同时完成网侧逆变器的单位功率因数正弦波电流控制。

基于前级 Boost 变换器实现 MPPT 控制的两级逆变器控制系统结构，如图 6.12 所示。其中，后级的网侧逆变器实现直流母线的稳压控制，而前级的 Boost 变换器则实现 MPPT 方法。由于 Boost 变换器的输出电压由网侧逆变器控制，因此调节 Boost 变换器的开关占空比即可调节 Boost 变换器的输入电流，进而调节光伏组件的输出电压。

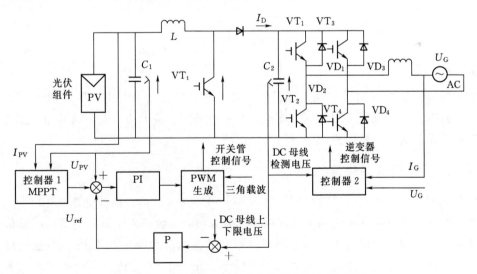

图 6.12　基于前级 DC/DC 变换器的 MPPT 方法

Boost 变换器根据光伏组件输出电压和电流的检测，通过 MPPT 方法得出调节光伏组件工作点的电压指令，然后将其与光伏组件输出电压的采样值相减，并经过 PI 调节器以进行 Boost 变换器的输入电压闭环控制，从而实现光伏组件的 MPPT 方法；而后级的网侧逆变器采用电压外环、电流内环的双环控制策略，其中电压外环是根据功率平衡的原理来实现直流母线的稳压控制，而电流内环则主要实现网侧电流的跟踪控制，以实现并网逆变器的单位功率因数正弦波电流控制。

前级 Boost 变换器的输出功率会因为环境的变化而不断变化，为了确保 Boost 变换器输出的功率及时传递到电网而不在直流母线上产生能量堆积和亏欠，这就要求在控制系统设计时，后级网侧逆变器直流电压外环的控制响应快于前级 Boost 变换器的 MPFT 方法响应。实际上增大直流母线的电容容量或采用直流母线上下限电压的截止负反馈控制均可以防止直流母线出现过电压，为了确保前级 Boost 变换器足够快的 MPPT 控制响应，并且又能使网侧逆变器较好地控制直流母线电压，为此可采用加入光伏组件电压前馈的基于前级 Boost 变换器的 MPPT 方法。

6.6.3　基于前后级变换器 MPPT 方法的比较

1. 直流母线电压方面

（1）后级采用前级的 Boost 变换器实现稳压。

（2）前级采用双环稳压。

（3）Boost 响应快更优越。

2. 控制性能

（1）后级 MPPT 方法搜索精度受影响、Boost 与 MPPT 方法存在耦合。

（2）前级电压可控。

总之，相比于基于后级网侧逆变器 MPPT 的控制方案，基于前级 Boost 变换器 MPPT 的控制方案具有前后级耦合小、控制精度高等优点。

6.7　MPPT 其他问题

如何更进一步提高 MPPT 精度以最大限度地将光能转化为电能，是 MPPT 方法永恒的追求，MPPT 其他问题主要包括局部最大功率点问题、最大功率点跟踪的能量损耗以及最大功率点跟踪效率及性能测试等。

6.7.1　光伏阵列的多峰值特性

实验测得，当两块光伏组件被遮挡时，其 I-U、P-U 特性曲线如图 6.13 所示。

当多个光伏组件串联组成的光伏阵列被部分遮挡时，由于光伏阵列的 P-U 曲线将出现局部最大功率点，此时若采用基于单峰值形态的光伏阵列曲线的 MPPT 方法可能会发生误判，因此必须研究适合局部最大功率点情形时的 MPPT 方法，主要有两步法和改进的全局扫描法。

6.7.2　两步法

当两块光伏组件被遮挡的情况下，光伏阵列的 I-U、P-U 曲线呈现不同的形状，可以表达为

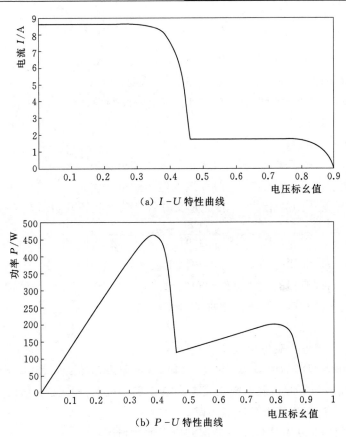

（a）I-U 特性曲线

（b）P-U 特性曲线

图 6.13　两块光伏组件被遮挡时输出曲线

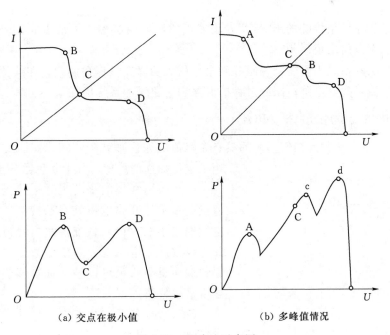

（a）交点在极小值　　　　　　　　（b）多峰值情况

图 6.14　两步法示意图

$$I_2 = I_1 + I_{sc}\left(\frac{G_2 - G_1}{G_2}\right) + \alpha(T_2 - T_1) \tag{6.10}$$

$$U_2 = U_1 + \beta(T_2 - T_1) - R_s(I_2 - I_1) - KI_1(T_2 - T_1) \tag{6.11}$$

式中　α——光伏阵列表面温度每改变 1℃时，I_{sc}的改变量；

　　　β——光伏阵列表面温度每改变 1℃时，U_{oc}的改变量；

　　　R_s——等效串联电阻；

　　　K——电流修正系数；

U_1、I_1——在辐照度 G_1 和温度 T_1 时输出的电压和电流值；

U_2、I_2——在辐照度 G_2 和温度 T_2 时输出的电压和电流值。

光伏阵列双峰值 I-U 曲线中，首先定义等效负载电阻线及阴影参考线为

$$R_{pm} = \frac{0.8U_{oc}}{0.9I_{sc}}, R_{ref}^{sh} = \frac{U_{oc}^{sh}}{I_{sc}^{sh}} \tag{6.12}$$

式中　I_{sc}、U_{oc}——在线测得的光伏阵列短路电流和开路电压；

　　　I_{sc}^{sh}——被遮挡的光伏组件的短路电流；

　　　U_{oc}^{sh}——没有遮挡的光伏组件的开路电压；

　　　R_{ref}^{sh}——阴影参考线；

　　　R_{pm}——等效负载电阻线。

局部最大功率点跟踪的两步法（图 6-14）基本原理步骤为：第一步，快速搜索光伏阵列 I-U 特性曲线与等效负载电阻线交点；第二步，从上一步交点 C 处开始，使用基于单峰值的 MPPT 方法完成最大功率点跟踪。

上面所叙述的两步法在实施中可能遇到以下两种情况：

（1）第一步操作结束后，C 点本身为一个极小值点，系统会直接停留在 C 点，从而无法搜索到最大功率点。

（2）第二步在使用传统的 MPPT 方法搜索的区域内有多个极值点时，仍然无法找出真正的最大功率点而出现误判。

因此两步法的不足为不能确保跟踪到全局最大功率点，存在误判；在线测量开路电压和短路电流，需要额外电路；跟踪过程的开路和短路增加系统损耗。

6.7.3　改进的全局扫测法（POC）

图 6.15 表示了一种遮挡情形时的具有多峰值的光伏阵列 P-U 特性曲线，POC 法采用了全局扫描的思想，其主要思路分为两个部分：

（1）采用常规的扰动观测法检测出第一个峰值点。系统从开路电压处开始搜索，搜索方向为电压值减小的方向，系统检测出峰值点的功率值并将该数据存储为最大功率点数据（此步骤中使用的扰动观测法也可以被其他自寻优类算法如电导增量法替换）。

（2）紧接着系统从可以工作的最小电压值处（接近短路电流处）开始往电压值增大的方向搜

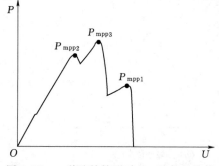

图 6.15　一种遮挡情形时 P-U 特性曲线

索，依次搜索出其他的峰值点的功率值。如图 6.15 所示，除峰值点外，输出特性曲线上还有其他峰值点，将其与初始的最大功率点进行比较，若大于初始峰值点则替换为新的最大功率点，反之则继续搜索。进行这样的搜索，直到系统在搜索到最终大功率点。

虽然全局扫描可以准确地搜索到最大功率点，但过长的非最大功率点区域搜索会造成相应的能量损耗。为了减少搜索所造成能量损耗，以下介绍一种可以有效减少系统对非最大功率点区域工作点采样的搜索方法，以提高系统在非最大功率点区域时的搜索速度。

图 6.16 给出了光伏阵列发生遮挡且其输出特性出现多峰值时的 I–U 特性曲线、P–U 特性曲线，POC 算法的具体搜索过程描述如下：

第一步：初始峰值点的搜索。采用常规的扰动观测法搜索出离光伏组件开路电压点最近处的第一个峰值点 P_{mpp1}，P_{mpp1} 的搜索过程在此不再赘述。显然，第一步的搜索过程完成后，系统中记录的最大功率值为 P_{mpp1}。

第二步：搜索真正的最大功率点 P_{mpp3}。为方便阐述搜索真正最大功率点的过程，图 6.16（a）中给出 3 条等功率线（等功率线 a、b、c）。由于第一步的搜索过程完成后，系统中记录的最大功率为 P_{mpp1}，而 P_{mpp1} 则在等功率曲线 a 上。由于位于曲线 a 左下部分的工作点输出功率均小于 P_{mpp1}，因此这部分曲线上不可能出现最大功率点，所以应该快速越过这个区域，而系统新搜索的工作点电压值可由式（6.13）算出，即

$$U_{n+1} = \frac{P_{mpp}}{I_n} \tag{6.13}$$

式中　　P_{mpp}——此刻记录在系统中的最大功率值；

　　　　I_n——系统上一个采样点的电流值；

　　U_{n+1}——系统通过以上信息确定的下一步工作点电压值。

而位于曲线 a 右上部分的工作点输出功率均大于 P_{mpp1}，最大功率点必然会出现在这个区域，因此应该放慢 MPP 搜索速度，此时系统再次启动扰动观测法，开始搜索新的峰值点，以搜索出光伏阵列真正的最大功率点。

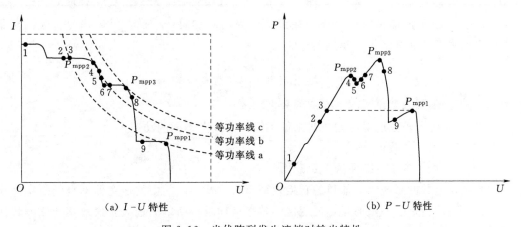

(a) I–U 特性　　　　　　　　(b) P–U 特性

图 6.16　光伏阵列发生遮挡时输出特性

6.7.4　MPPT 的能量损耗

MPPT 的能量损耗是指光伏发电系统在 MPPT 控制过程中不能精确地跟踪到最大功

率点而造成的能量损失。为讨论方便，首先定义 MPPT 能量损耗函数，即

$$\eta = \frac{\int_{t_1}^{t_2} P_{mpp}\,dt - \int_{t_1}^{t_2} P_m\,dt}{\int_{t_1}^{t_2} P_{mpp}\,dt} \times 100\% \tag{6.14}$$

式中　P_{mpp}——系统实际最大功率点；

$\quad\quad P_m$——跟踪到的最大功率点；

$\quad t_1$、t_2——MPPT 开始运行和结束运行的时刻。

MPPT 过程中的能量损耗主要有静态 MPPT 能量损耗和动态 MPPT 能量损耗两种。一般把在辐照度、温度不变条件下，并且系统已经运行于最大功率点附近时的稳定状态定义为静态；而把当辐照度或温度发生变化时，从系统开始跟踪一直到跟踪到新的最大功率点的整个过程定义为动态。

在 6.4.1 节扰动观测法和 6.4.2 节电导增量法中的振荡情况分析可知，扰动观测法有两点振荡和三点振荡两种情况，而电导增量法有一点（非最大功率点）、两点振荡情况。其中，静态能量损耗见表 6.1。

表 6.1　　　　　　　　　　扰动观测和电导增量能量损耗分析

振荡情况	MPPT 方法能量损耗	
	扰动观测法	电导增量法
稳定一点	—	$P_{loss} = P_m - P_1$ $P_{loss} = P_m - P_2$
两点振荡	$P_{loss} = 2P_m - P_1 - P_2$ $P_{loss} = 2P_2 - P_1 - P_3$	$P_{loss} = 2P_m - P_1 - P_2$
三点振荡	$P_{loss} = 2P_m - P_1 - P_3$ $P_{loss} = 3P_m - P_2 - P_{1(3)} - P_4$ $P_{loss} = 3P_m - P_1 - P_{2(5)} - P_6$	$P_{loss} = 3P_m - P_1 - P_2 - P_3$ $P_{loss} = 3P_m - P_1 - P_2 - P_4$

而动态 MPPT 的能量损耗主要是在跟踪最大功率点时产生的，具体情况包含：在非最大功率点附近时和在最大功率点附近时

$$P_{loss} = \sum_{i=1}^{c} \left(mP_m^i - \sum_{n=1}^{m} P_n^i \right) \tag{6.15}$$

式中　P_m^i——不同辐照度情况下对应的最大功率；

$\quad\quad P_n^i$——各个辐照度对应的光伏组件 P-U 曲线上不同的功率点；

$\quad\quad c$——跟踪次数；

$\quad\quad m$——在一条 P-U 曲线上跟踪次数。

在光伏发电并网系统中，能量的转换效率至关重要，而其中的逆变器本身的效率又是用户最为关注的指标。一般而言，逆变器的效率指标是指简单的最大转换效率和欧洲转换效率，如"欧洲效率"就是根据 6 个工作点的效率予以加权计算而得，即

$$\eta_{euro} = 0.03\eta_5 + 0.06\eta_{10} + 0.13\eta_{20} + 0.1\eta_{30} + 0.48\eta_{50} + 0.2\eta_{100} \tag{6.16}$$

式中　η_{xy}——在额定功率的 $xy\%$ 时变换器的效率。

国际上对于光伏发电系统 MPPT 的研究始于 2000 年前后，并逐渐成为研究热点，相

关研究部门主要集中于北美和欧洲，北美的研究主要有 Sandia 国家实验室，欧洲的主要集中于荷兰、丹麦和德国的高校以及民间的相关机构。通过应用与研究，评价光伏能量转换优劣的综合效率，即

$$\eta_{total} = \eta_{coversion}\,\eta_{mppt} \qquad\qquad (6.17)$$

式中　$\eta_{coversion}$——静态转换效率；

　　　　η_{mppt}——最大功率点跟踪效率。

习　题

1. 简述最大功率点跟踪技术原理。
2. 简述基于输出特性曲线的开环 MPPT 方法有哪些及存在问题？
3. 简述闭环 MPPT 方法有哪些及各自对比？
4. 简述采用基于变步长的扰动观测法的基本思想是什么？
5. 简述逐步逼近法的基本思路。
6. 简述扰动观测法基本思想。
7. 简述电导增量法和扰动观测法的异同。
8. 简述两级式光伏发电并网逆变器的 MPPT 方法。

第7章 风电机组并网技术

通过本章内容的阅读，了解风电机组并网技术，重点掌握采用异步风力发电机、双馈风力发电机和直驱式永磁风力发电机的风电机组并网技术。本章首先介绍了异步风力发电机，包括异步风力发电机结构、原理、并网方式。然后重点介绍了采用双馈式风电机组并网技术，包括低电压穿越技术、双馈风力发电机结构和原理、双馈式风电机组变流器控制系统。最后重点介绍了直驱式风电系统不同的拓扑结构，包括不控整流＋晶闸管逆变器、不控整流＋PWM逆变器、不控整流＋升压斩波＋PWM逆变器、PWM整流＋PWM逆变器。

7.1 概　　述

在全球气候变暖、环境污染日益严重以及传统化石能源供给有限、传统能源价格不断走高的大背景下，节能减排、降低化石能源比重、提高新能源比重、发展低碳经济已经成为全球关注焦点和各级决策者的共识。从《联合国气候变化框架公约》和《京都议定书》到哥本哈根气候大会、坎昆会议以及德班会议，许多国家已经或者即将制定具体的减缓气候变化的目标，为了应对能源短缺和环境恶化，全球各国都在寻求可替代一次能源消耗的新能源。由于风能蕴含能量十分巨大，无污染，可再生，受到了世界各国能源研究机构的广泛关注。特别是在20世纪世界性石油危机后，风电得到突破性发展。20世纪，由于计算机、空气动力学、结构力学和材料力学等领域技术获得了巨大的进步，也推动着风电机组朝着提高单台机组装机容量，减轻单台机组质量，提高风能捕获的方向发展。2000年以来，全国各地兴建的风场所用的风电机组，大多数装机容量都在兆瓦级以上。纵观整个风电产业，近十年来装机容量一直处于持续增长态势。风能作为新能源中成本较低、技术较成熟、可靠性较高的新能源，其将成为未来能源结构的重要组成部分，并将在能源供应中发挥越来越重要作用。

7.1.1 风电并网系统主要机型与发展现状

风电并网系统是指捕获风能再将其转换成电能并馈入电网的装置。典型结构框图如图7.1所示，包括两个能量转换部分：机械能量交换部分和电能量交换部分，两部分通过发电机连在一起，其中，虚线框模块为可选部分。风以一定的速度和攻角流过桨叶，使风力机转动，获得的机械功率经过传动链传递到发电机的轴上，发电机将机械能转化为电能，电能经过并网装置变换处理后再经变压器并入电网。

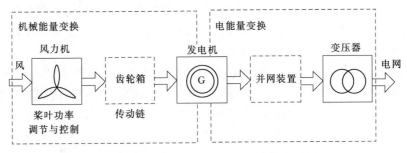

图 7.1 风电并网系统典型结构框图

风电并网系统分类方式很多，根据风电机组转速的不同，可分为定速、有限变速和变转速；根据传动链的类型，可分为多级齿轮箱驱动、单级齿轮箱驱动和直驱式；根据风电机组的功率调节方式可分为定桨距失速调节、变桨距调节和主动失速调节；根据发电机的类型可分为笼型感应电机、绕线式感应电机、电励磁同步电机、永磁同步电机以及各种新型电机等；根据风电机组能量馈入电网的方式，可分为直接并网、部分功率变流并网和全功率变流并网等。这些分类方式灵活组合，使得风电并网系统的类型在理论上具有很多种变化。

随着空气动力学、材料学、电力电子、计算机和控制等技术发展，风电技术的发展极为迅速，上风向、水平轴风电机组成为主流机型。从技术路线发展趋势来看，风电机组的大型化倾向明显。

随着风电机组单机装机容量不断提高，大型风电机组对系统运行可靠性、发电量以及风能利用效率等提出了更高的要求。相应的风电并网系统经历了从定速到变速、由定桨到变桨的发展过程。

7.1.2 风电机组大规模并网所遇到的挑战

随着风能的大规模开发利用，风电发展也出现了一些新的问题和挑战。突出表现为风电并网消纳问题和风电机组运行可靠性问题。

从风电本身的特性来看，主要是由于风能资源与电力需求在地域分布和时间分布上不均衡以及风能资源的随机间歇特性等造成的。前者通常导致大规模的风电无法就地消纳，需要通过输电网远距离输送到负荷中心，在更大的范围内消纳。而风能资源的随机间歇特性，将会对电网的电压和频率稳定性、电能质量等方面造成影响，当风电机组装机容量较小时，风电场的运行对系统稳定性的影响可以不予考虑；当风电装机组容量越来越大，在系统中所占比例逐年增大时，风电场的运行对系统稳定性的影响变得不容忽视。

从全世界的范围来看，风电接入电网出现了与以往不同的特点，主要表现为大规模、高集中、远距离及高电压。在风能资源丰富区域集中开发风电基地，通过输电通道集中外送，如欧美国家规划中的海上风电和我国根据国家发展改革委制定的发展目标，依托华北、东北、西北（"三北"）地区以及东部沿海风能资源丰富地区，重点规划建设河北、内蒙古、吉林、甘肃、新疆、江苏、山东等千万千瓦级风电基地。单个风电场规模越来越大，对系统的影响也越来越明显。另外，风电场接入电网的电压等级更高，大型风场常直接接入输电网，使得电网受风电影响范围更广，影响程度更大。风电场对电网的影响已从简单的局部电压波动等问题发展到对电网调节控制（调频调峰、经济调度）、电能质量、电网稳定等诸多方面。

随着并网运行的风电机组装机规模越来越大，风电在电力系统中的地位发生了转变，大量风电机组的接入势必替代电网中部分同步机组，这部分同步机组的调频调压能力必须由其他同步机组或是风电机组来承担。另外，一旦发生输电网故障迫使大面积风电机组因自身保护而脱网时，将导致系统潮流的大幅变化甚至可能引起大面积的停电，大量风电机组因不具备低电压穿越能力、风电场无功补偿装置电容器不具备自动投切功能等，严重影响了当地的电网安全稳定运行，因此，也希望风电机组具有传统电源的故障穿越能力。其中，低电压穿越被认为是风电并网系统控制技术的最大挑战之一，直接关系到风电机组的大规模并网应用。

7.2　异步风电机组

风电行业中通常所说的异步风力发电机组指的是恒速恒频异步风力发电机组，为与习惯保持一致，后面均称为异步风力发电机组。

异步风电机组的输出功率可以通过转差率来调整，发电机的输出功率与转子的转速可以近似地看为线性关系。异步电机对于转子转速的要求不高，不需要加设发电机同步设备，发电机转速只要在接近同步转速的时候，风电机组便可以进行并网。所以，采用恒速恒频系统的风电机组通常会采用异步风力发电机。不过对于异步风力发电机来说也会存在一些弊端，如当风电机组在并网的时候，会产生强大的冲击电流，因此很可能会拉低电网电压，对于电网的稳定运行来说存在一定的隐患。对于异步发电机来说，本身不能输出无功功率，因此需要在变电站安装无功补偿设备。由于风速骤变的不确定性，风电机组的输出功率的变化也会相当大，电网对于输出功率的调节有限，所以要提高对于风电机组的控制能力来维护电网的正常运转。

7.2.1　结构和原理

1. 结构

采用异步风力发电机的风电机组结构如图 7.2 所示，分别由风力机、齿轮箱、异步发电机等构成，具体介绍如下：

（1）风力机。风力机包括叶片和轮毂。

（2）齿轮箱。风轮的低速转动通过齿轮箱转换为异步发电机所需要的略高于同步的较高转速。

（3）异步发电机。通常为笼型异步发电机，运行时需要从外部（电网和机组无功补偿电容）吸收无功功率建立励磁磁场。

2. 原理

在可利用风速范围内，维持风电机组转速的稳定，使发电机保持略高于同步转速的转速不变，来得到和电网频率一致的恒频电能。

为维持风电机组转速恒定不变，除了采取必要的电气控制手段外，在风速过大时，通常还需要采取措施限制风电机组获得的空气动力转矩。这类措施包括：

（1）定桨距失速控制措施。采取这种控制手段的风电机组的主要特点是，叶片与轮毂固定连接，叶片采用的是气动失速特性的翼型，当风速高于额定风速时，利用叶片翼型本身具有的失速特性，在桨叶的表面产生紊流，降低叶片捕捉风能的效率，达到限制风电机组获得的空气动力转矩或者功率的目的。

采用这种方式的风电机组控制调节简单可靠，但为了产生失速效果，导致叶片较重，结构复杂，风电机组的整体效率较低，当风速达到一定值时必须停机。

（2）变桨距调节措施。当风速较高时，通过调节叶片的桨距角 β，达到改变叶片攻角，进而改变风电机组获得的空气动力转矩。

由于变桨距调节型风电机组在低风速时可使叶片保持良好的攻角，比失速调节型风电机组有更好的能量输出，因此比较适合于在平均风速较低的地区安装。变桨距调节的另外一个优点是，在风速超速时可以深度变化到无负荷的全翼展开模式位置，避免停机增加风电机组发电量，对变桨距调节的一个要求是对阵风的反应灵敏性。

（3）主动失速调节措施。主动失速调节措施是前两种功率调节方式的组合，吸取了被动失速调节和变桨距调节的优点。系统中叶片设计采用失速特性，调节系统采用变桨距调节，从而优化风电机组功率的输出。系统遭受强风达到额定功率后，桨叶桨距主动向失速方向调节，将功率调整到额定值以下，限制风电机组最大功率输出，随着风速的不断变化，叶片仅需微调即可维持失速状态，另外，调节叶片还可实现气动制动。

这种系统的优点是既有失速特性，又可变桨距调节，提高了风电机组的运行效率，减弱了机械刹车对传动系统的冲击。系统控制容易，输出功率平稳，执行机构的功率相对较小。

3. 优点和缺点

（1）优点：①结构简单，运行可靠，由于发电机不通过集电环与电刷输出电能，降低了维护与运行费用；②不需要大功率的变频装置，控制简单，造价低。

（2）缺点：运行需要系统的无功支持，对电网电压稳定性有一定的影响，严重时会导致电压崩溃或风电机组大规模脱网，低电压穿越能力低。

7.2.2 并网方式

采用异步风力发电机的风电机组并网的方法主要有直接并网法、利用晶闸管并网法、准同期并网法和降压并网法。当前运行风电场使用较多的是直接并网方式与利用晶闸管并网方式。

1. 直接并网法

异步风电机组在接近同步转速，转差率满足并网要求时（一般为 98%～100% 同步转速），风电机组输出端与电网侧同相序，直接合闸并网。由于本身设有励磁装置，并网之后，异步风电机组吸收电网侧的无功功率进行励磁，故必然产生一个过渡过程，经过较短时间达到稳定运行状态。

优点：直接并网方式的工作流程简单，控制方式不繁琐，控制机构少。

　　缺点：直接并网方式在风电机组并网的过程中会产生冲击电流，很可能引起电网电压的骤降，使得继保装置动作，影响电网的稳定运行，此并网方式适用于兆瓦级以下的风电机组。

　　2. 利用晶闸管并网法

　　当风电机组将发电机带到同步转速附近时，在其他并网条件满足要求情况下，风电机组输出端断路器闭合，通过一组双向晶闸管与电网相连。通过对晶闸管导通角进行控制，将并网电流控制在 1.5～2 倍额定电流以内，从而达到一个相对平滑的并网过程。瞬态过程结束以后，将双晶闸管短接，完成并网过程，如图 7.2 所示。

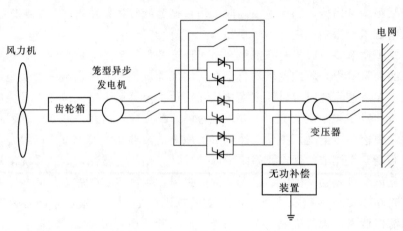

图 7.2　异步风电机组结构并网

　　优点：可以控制并网时的冲击电流，大幅度降低了对电网的冲击，并网时功率平滑，可以增加风电机组的使用时间。

　　缺点：由于并网时需要通过晶闸管，因此对三相晶闸管及其控制回路提出了很高的要求。风电机组并网的三相回路中，每相晶闸管的特性要完全相同，并且晶闸管的门极触发电压电流要完全相同，以及经过晶闸管的压降也要相同，才能保证风电机组三相输出的电压电流平衡，否则长时间运行会对风电机组造成不好的影响。当输出稳定后，则需要将晶闸管短路，需要装设旁路接触器，控制系统繁琐，采用的双向晶闸管必须可以耐受高压反向大电流，成本较高。

　　3. 准同期并网法

　　在异步风电机组的机端通过并联的电容器建立励磁，使其建立额定电压，然后调节相位，使其与电网侧相同，与电网同步后并入电网。该方法对电网的冲击小，但需要调相机与电容器支持、经济性差。

　　优点：准同期并网方式并网准确快速，在并网过程中冲击小，对于风电机组的控制精度不高，适合于风电并网工作。

　　缺点：对于风电机组的转速有一定的要求。

　　4. 降压并网法

　　在风电机组与电网之间串联电抗器，在达到并网条件以后合闸并网，并网以后达到稳态运行时，再将电抗器切除。由于这种并网方式需要增加大功率电阻或电抗器，且投资随风电机组容量增大而增大，故该并网方式同样经济性较差，一般应用于小型风电机组。

优点：风电机组在并网时对电网的冲击小，电网电压下降幅度也小。

缺点：需要增加电阻和电抗器，对于电能有损耗，经济性差。

7.3 双馈式风力发电机组

双馈式风力发电机组是风电场中的主流发电机机型，其转速运行范围较宽，可以工作在超同步状态和亚同步状态下；同时，双馈式风电机组可以利用其较宽的转速运行范围将转子的旋转动能变为额外的有功输出，参与电力系统频率的调节。

7.3.1 低电压穿越技术

由于风能具有十分显著的地域性特点，我国西北、内蒙古以及沿海局部地区的风电装机容量可能达到电网总装机容量的 3%。国外很多发达国家的实际风场运行经验表明当这个数值达到 3%～5% 时，高风速期间的风电机组大范围脱网事故将引起电力系统中有功功率供应不足，频率下降，而且还严重影响风电机组本身的安全运行。在切机过程中，风电机组叶片输入的有功功率和发电机定子输出的有功功率的极端不平衡，不仅会造成机械构件和电气器件的严重损坏，同时还会严重影响整个电网的有功平衡，导致系统大量甩负荷，甚至会引起系统振荡、解列，还会危害到电网的有功、无功潮流分布进而对继电保护的准确可靠动作产生巨大的影响。

由于目前多数风电机组尚不具备低电压穿越能力，故障发生时，为了保护风电机组安全，一般选择切除风电机组。2008 年，我国也根据各大区域电网的实际架构、容量及潮流分布等情况，结合我国风电产业的发展现状和前景，制定了风场接入电网相关技术的指导意见，其中对各类风电机组的低电压穿越技术标准也做出了详细的规定。同时，针对目前大多数不能满足低电压穿越能力，但是已经投运的风场，规定明确提出了改造其风电系统进行提升低电压穿越能力的要求。

国外的 LVRT 技术相对比较成熟，根据报道，通用电气公司已经研发出来零电压穿越技术。这就意味着即使出现机端出口三相短路的严重故障，机端电压为零，风电机组仍可持续并网运行，并同时输出无功支撑电网电压的能力。

在目前投入运行的风电场中，主流风电机组的发电机是采用基于变流器控制技术的双馈感应电机（Doubly Fed Induction Generator，DFIG），国外风电巨头像丹麦维斯塔斯风电公司、印度苏司兰能源有限公司，还有国内的华锐风电科技有限公司、东方电气集团公司、金风科技股份有限公司、国电联合动力技术有限公司等整机生产商都是使用这种电机。目前并网运行的风电机组，也大都使用这种电机。DFIG 并网运行时类似于普通同步发电机，可以通过调节转子励磁电流大小来改善电网功率因数，可以显著改善风电机组并入电网后产生的电压稳定性的问题，比普通异步发电机的穿透功率极限值要大很多；同时 DFIG 变流器励磁功率即为转差功率，约为装机容量的 1/3，因此变换器容量较小，大量节约了成本；另外，DFIG 变速运行范围很宽，根据风速不同，既可亚同步运行，又可同步运行，也可超同步运行。

7.3.2　结构和原理

双馈式风电机组主要由风力机、传动齿轮箱、双馈发电机、变流器、变压器和保护电路组成。变速恒频双馈式风力发电机分为无刷双馈式风电机组和绕线转子双馈式风电机组两种。

1. 无刷双馈式风电机组

如图 7.3 所示，无刷双馈式风电机组由风力机、齿轮箱、双馈异步发电机、定子侧双向变流器等组成。其定子有两套级数不同的绕组，一个称为功率绕组，直接接电网；另一个称为控制绕组，通过双向变流器接电网。转子为笼型结构，无需电刷和集电环，转子的极数应为定子两个绕组的极对数之和。

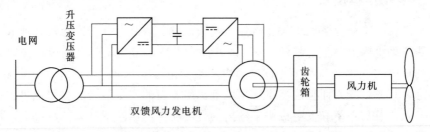

图 7.3　无刷双馈式风电机组的结构简图

无论是无刷双馈式风电机组还是绕线转子双馈式风电机组。都是特殊的异步风电机组，当无刷双馈式风电机定子功率绕组、控制绕组的极对数分别为 p_p 和 p_c，发电机转子的极对数一般选为 $p_r = p_p + p_c$，这时的无刷双馈式风电机组等效于一台 $2(p_p + p_c)$ 的交流风电机组。当无刷双馈运行时，发电机转速与功率绕组、控制绕组的频率以及发电机级数之间的关系为

$$n_r = \frac{60(f_p \pm f_c)}{p_c + p_p} \tag{7.1}$$

即

$$f_p \pm f_c = \frac{n_r(p_p + p_c)}{60} \tag{7.2}$$

超同步时，式（7.2）取 "＋"；亚同步时，取 "一"。当发电机转速 n 变化时，若控制 f_c 相应的变化，可使 f_p 保持相对不变，即与电网频率保持一致，也就实现了变速恒频控制。

优点：①发电机实现了交流发电机的无刷化。由于发电机转子采用了不需引向外部电路的笼型转子结构，所以发电机无集电环和电刷，结构上更加安全可靠，降低了维护和运行费用。②由于流过定子绕组的功率仅为无刷双馈发电机的一部分，因此图 7.3 所示的双向变流器也仅为发电机容量的一部分。

缺点：定子的设计比一般的笼型发电机复杂。这种机型也是目前研究的热点之一，国内的无刷双馈式风电机组的设计还处于理论研究阶段，现在已经应用较为广泛的是绕线转子双馈式风力发电机组。以下所说的双馈式风电机组指绕线转子双馈式风电机组。

2. 绕线转子双馈式风力发电机

基于绕线转子双馈异步风力发电机的变速型风电机组由风力机、齿轮箱、双馈异步发电机、转子侧变流器等组成。双馈异步发电机定子侧直接接入电网、转子侧通过背靠背双向变流器接入电网，因为定子侧与转子侧都有可能向电网馈送能量，所以叫做收馈异步式风电机组。

无刷双馈式风电机组的定子接入电网，转子绕组由频率、相位、幅值都可调节的电源供给三相低频交流励磁电流。当稳态运行时，定子旋转磁场和转子旋转磁场在空间上应保持相对静止，当定子旋转磁场在空间以 ω_0 的速度旋转时，则转子的励磁电流形成的旋转磁场的旋转速度 ω_s 为

$$\omega_s = \omega_0 - \omega_r \tag{7.3}$$

式中　ω_0——定子磁场旋转角速度；

ω_r——转子旋转角速度；

ω_s——励磁电流形成的旋转磁场的旋转速度。

转差率其计算为

$$s = \frac{n_1 - n}{n_1} \tag{7.4}$$

式中　n_1——同步转速；

n——转子转速。

式（7.4）说明转子电流形成的旋转磁场的角频率同转差率成正比。若交流励磁发电机的转子转速低于同步转速，则转子电流形成的旋转磁场与转子旋转的方向相同；如果转子转速高于同步速，则两者旋转方向相反。

根据 $\omega = 2\pi f$，可知转子绕组中的励磁电流的频率与定子侧电流的频率之间的关系为

$$f_s = s f_0 \tag{7.5}$$

式中　f_0——定子电流频率；

f_s——转子励磁电流频率。

根据转子转速的变化，无刷双馈式风电机组可有以下三种运行状态：

（1）亚同步运行状态。此种状态下，$n < n_1$，由通入转子绕组的频率为 f_2 的电流产生的旋转磁场其转速 n_2，与转子的转速方向相同，因此有 $n + n_2 = n_1$。

（2）超同步运行状态。此种状态下，$n > n_1$，改变通入转子绕组的频率为 f_2 的电流相序，其所产生的旋转磁场转速 n_2 的转向与转子的转速方向相反，因此有 $n - n_2 = n_1$。为了实现 n_2 的转向反向，在亚同步运行转向超同步运行期间，转子三相绕组必须能自动改变其相序。

（3）同步运行状态。此种状态下，$n = n_1$，转差频率 $f_2 = 0$，这表明此时通入转子绕组的电流频率为 0，也就是直流电流，因此与普通同步发电机一样。

7.3.3 变流器控制系统

双馈式风电机组控制系统主要是实现有功无功解耦控制功能，控制风电机组发出的有功功率。在低风速下通过最大功率跟踪策略获得最大风功率，而在高风速下通过变桨控制

使得风电机组实现恒功率运行，同时还可以根据电网调度指令控制风电机组输出的无功功率以支撑电网电压。

在双馈式风电系统中，转子侧通过 PWM 变流器接入电网中，对 DFIG 的整体控制也基本全部基于双 PWM 变流器的实现。因此，变流装置对于 DFIG 的控制具有至关重要的作用。

1. 网侧 PWM 变流器

网侧 PWM 变流器的主要功能是维持直流母线电压的稳定，并且能够控制网侧功率因数。

网侧 PWM 变流器与电网直接相连，由于稳态情况下电网电压基本恒定不变，所以我们采用基于电网电压定向的矢量控制策略。即将 d 轴的正方向定于电网电压矢量上，详见第 4 章 4.2 节。

2. 转子侧 PWM 变流器

在双馈式风力发电系统中，网侧变流器的主要作用是维持直流侧电压的稳定和控制输入的功率因数，转子侧变流器则主要为了实现双馈式风电机组定子输出的有功功率、无功功率以及功率因数的控制。为了达到这些控制目标，必须对变流器以及风电机组输出的各物理量进行精确的跟踪，并在此基础上加以控制。

在转子侧 PWM 变流器的控制中，主要有基于定子电压定向的矢量控制和基于定子磁链定向的矢量控制。

3. 网侧变流器无功补偿控制策略

按照国家电网关于 LVRT 的标准，在电网电压跌落期间，风电场要对系统提供无功补偿，协助电网的故障恢复。为了满足 LVRT 标准的要求，风电场一般都装设有无功补偿装置，例如 SVC、STATCOM 等，但这样会大大增加风电场的建设成本。双馈式风电系统采用背靠背变流器，可以实现能量的双向流动，能够对有功功率和无功功率进行单独的解耦控制，因此可以不需要增加其他硬件设备，通过调整转子侧变流器和网侧变流器控制策略中有关无功功率的指令使 DFIG 对系统发出无功功率，起到无功补偿的作用。

7.4　直驱式永磁风电机组

目前主流的风电机组主要有两种：一种是双馈式风电机组，另一种是直驱式风电机组。直驱式风电机组在电网因故障发生电压跌落时，由于其定子侧通过背靠背 PWM 变流器与电网相连，因此不会有大的暂态冲击电流出现，变流器仍然能在故障期间正常运行，只需要对直流侧以及网侧变流器进行控制策略的改进或增加保护措施，因此直驱式风电机组的故障穿越能力较强。直驱式风电机组中的逆变器（包括整流和逆变两部分）可以有不同的拓扑结构，根据不同的拓扑的特点，系统的控制方法都会发生相应的变化。

7.4.1　不控整流＋晶闸管逆变器

功率开关管采用了晶闸管，它的优点是应用技术比较成熟，而且价格较低，可靠性高，在早期的风电逆变器中有较为广泛的应用。它的缺点是工作时要吸收无功功率，对电网产生较大的电流冲击。为了达到并网的要求，特别是对谐波电流的要求，就要在其后加入无功补偿设备。由于风电机组发出的功率波动范围大，造成补偿的容量也较大，且控制方法复杂，从而使整个风电机组的成本大大增加，不适用于低成本的小型风电系统中。

7.4.2 不控整流＋PWM逆变器

不控整流＋PWM逆变器拓扑结构如图7.4所示，风力发电机将不稳定的交流电通过不控整流变为直流电，后经PWM电压源型逆变器接入电网。与晶闸管逆变器相比，开关频率得到了提高，对电网的冲击和谐波污染大大减小，而且还可以通过调节逆变器输出电压的幅值和相位的方式来调节输出有功和无功的大小，进而来调节发电机的转速。但是不控整流输出的电压幅值是随风速变化的，特别是当风速较小时，输出的电压很低，为了达到并网，就必须加大PWM的调制深度，从而导致逆变器的运行效率低，峰值电流高，损耗较大。

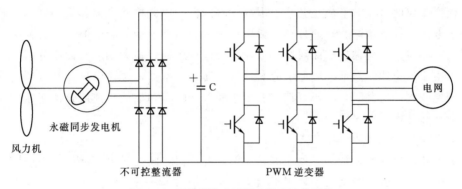

图7.4 不控整流＋PWM逆变拓扑结构

7.4.3 不控整流＋升压斩波＋PWM逆变器

不控整流＋升压斩波＋PWM逆变器拓扑结构如图7.5所示，具有以下优点：

（1）运用Boost升压环节从而使逆变器的调制深度范围简单合理，减少损耗，提高运行效率。

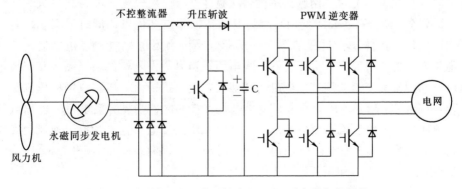

图7.5 不控整流＋升压斩波＋PWM逆变器拓扑结构

（2）采用二极管整流方式，只能使能量单向流动。

（3）网侧采用电压型有源逆变器，使对电网的谐波污染减少。

（4）合理控制逆变器，可以灵活地去调节系统输出的有功功率与无功功率。

（5）这种拓扑发电机侧谐波的含量比较大，从而使发电机的功率因数会减小，发电机转矩容易发生振荡。

（6）不控整流桥的特性是非线性，使得整流桥输入侧的电流波形会发生很严重的畸变。

7.4.4　PWM 整流＋PWM 逆变器

1. 变流器工作原理

直驱式永磁同步风电机组可分为三个工作区：变速区、恒速区和恒功率区，当风电机组在变速区运行时，发电机的转速变化以得到最佳叶尖速比，从而获得最大风能。同时要控制机侧变流器的电流波形成正弦化以提高功率因数，因此机侧变流器采用转速外环和电流内环的双闭环控制策略，转速外环的输出作为电流内环 q 轴的给定值 i_q。转速的给定在开机时由实测风速和最佳功率曲线获得，在系统运行中通过最大功率点跟踪获得，这样即可避免了由于风速的测量不准确而引起最佳给定转速的偏差，也避免了在初始给定转速偏离最佳转速较大的情况时，由于跟踪步长太小而不能跟踪到最佳转速或是由于跟踪步长太大而在最佳转速周围振荡等问题。

2. 双 PWM 变流器的工作原理

双 PWM 风电并网系统的机侧变流器与网侧变流器之间通过电容滤波、储能和稳压连接。在双 PWM 变流器的结构中，用于全桥控制的是功率开关组件，采用绝缘栅双极性晶体管（IGBT），IGBT 具有可靠稳定的全控性，可任意地控制其开通关断，从而实现了能量双向可控。

对于 PWM 变流器实时控制，能够实现交流侧电流正弦化，控制在单位功率因数状态下，电压型 PWM 变流器采用工作在高频状态下的全控器件，运用高运算能力的 DSP 产生 PWM 波，由于开关器件的开通和关闭全是可控的，因此 PWM 转换器的电流波形可控，理想的状态是 AC 输入电压和电流，以维持相位相同或相反的阶段，即整流时为同相位，逆变时为反相位。此时，网侧功率因数接近于 1，输入电流谐波含量接近零，消除谐波污染，PWM 转换器具备易于使用且容易双向传输等诸多优点，同时采用模块化设计更有利于实际应用。具体工作过程如图 7.6 所示，当风力发电机进入发电状态，K_1 闭合，风力发电机发出的能量经交直交变流器并入电网；当风力发电机的输出频率高于风场母线侧频率时，利用机侧变流器调节发电机的转速，在发电机输出电压与电网电压满足并入条件时，K_2 闭合，K_1 断开，风力发电机发出电能直接并网；当风力发电机的输出频率低于风场母线侧频率，控制变流器使电流反向，这时系统向发电机提供功率，使风力发电机运转在电机状态，当发电机输出电压与电网电压达到并入条件时，K_1 断开，K_2 闭合，发电机直接并网。

3. 优点

背靠背双 PWM 变流器有以下优点：

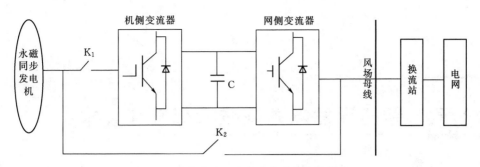

图 7.6　背靠背式风力发电变流器拓扑结构

（1）机侧可实现高功率因数可调，功率因数可以接近 1。

（2）直流电压实现可控。

（3）两端无功功率可以进行独立控制。

（4）网侧电流的波形趋近于正弦波，低次谐波的含量大大降低。

（5）能量可以双向流动，遵循四象限运行法则。

习　　题

1. 简述异步风电机组并网方式。

2. 简述双馈式风电机组低电压穿越技术。

3. 简述双馈式风电机组变流器控制。

4. 简述直驱式永磁风电机组拓扑类型。

5. 简述直驱式永磁风电机组控制方法。

6. 简述直驱式永磁风电机组各种拓扑类型区别。

第8章 新能源发电并网技术标准和要求

通过本章内容的阅读，了解新能源发电并网技术相关标准和要求。本章首先介绍了光伏发电并网技术标准，包括并网方式、电能质量、保护与控制。然后介绍了风电并网技术标准，包括并网方式、电能质量、风电场无功配置及电压、风电场有功功率和频率、风电场并网二次部分。

8.1 概　述

风电、光伏发电等分布式发电方式由于其本身的不稳定性，给传统配电网的电压、电能质量、继电保护等方面带来了诸多不利影响。新能源发电并网标准是推进新能源与智能电网发展的技术基础和先决条件。

许多国家和地区都针对自己的实际情况制定了光伏发电系统并网技术标准，如美国制定的 IEEE 1547 分布式电源接入电力系统的标准、UL 1741 标准等，我国光伏标准委员会及国家电网公司也制定了光伏发电系统并网的相关标准。国际电工委员会（IEC）制定的 IEC 标准是被广泛接受和采用的国际标准。国际电工委员会在 1994 年率先制定了 IEC 61400 风力发电机标准，并被日本和欧洲众多国家和地区接纳和采用，该系列标准主要涉及风力发电机系统的设计、安装、系统安全保护、动力性能试验以及电能质量测试评定等方面的内容。此外，IEC 61400 也提出了一些风能转换系统与公用电网互联规范。我国国家标准是参考 IEC 61400 系列标准和德国、丹麦等国家的风电并网标准而制定的。

8.2 光伏发电并网技术标准

8.2.1 并网方式

我国《光伏系统并网技术要求》（GB/T 19939—2005）根据光伏发电系统是否允许通过供电区的变压器向高压电网送电，分为可逆流和不可逆流两种并网方式，但并未对光伏发电系统的并网容量和接入电压等级进行详细规定。日本《电气事业法》对家用光伏发电系统与公用电力系统的并网原则上进行如下区分：单独家用用户的电力容量不足 50kW 的发电设备与低压配电线（电压 600V 以下）并网，不足 2000kW 的发电设备与高压配电线（电压大于 600V 小于 7000V）并网。

国家电网公司《光伏电站接入电网技术规定》（Q/GDW 617—2011）中，根据光伏电站接入电网的电压等级将光伏电站划分为小型、中型和大型，但没有明确光伏电站的容量。IEEE Std 929—2000 中对小型、中型和大型光伏发电系统的容量分别规定为不大于10kW、10～500kW 和不小于 500kW。建议我国在制定标准时可以参考国家电网公司《光伏电站接入电网技术规定》、IEEE Std 929—2000 和日本的相关规定，综合考虑光伏发电系统输出容量和受电电力容量，选择合适的并网电压等级和电气设备。

8.2.2 电能质量

任何形式的光伏发电系统向当地交流负载提供电能和向电网发送电能的质量都应受控，在电压偏差、频率、谐波、闪变和直流注入等方面应满足使用要求并至少符合电能质量国家标准。

1. 电压偏差

通常情况下，光伏发电并网系统不允许参与公共连接点（PCC）电压的调节，不应造成电力系统电压超过相关标准所规定的范围，不应造成所连接区域电力系统设备额定值的过电压，也不能干扰电力系统中接地保护的协调动作。表 8.1 是国内标准 GB/T 19939—2005、《光伏发电站接入电力系统技术规定》（GB/T 19964—2012）和国外标准对光伏发电系统正常运行电压范围和公共连接点处电压偏差限值的规定。

表 8.1 光伏发电并网系统运行电压范围

标准	并网处电压偏差（占额定电压的百分数）	正常运行电压范围（占额定电压的百分数）
IEEE Std 929—2000 IEEE 1547—2003	—	88%～110%
GB/T 19939—2005	35kV 及以上小于 10%， 20kV 及以下三相±7%	
GB/Z 19964—2005	35kV 及以上小于 10%， 20kV 及以下三相±7%	90%～110%
Q/GDW 617—2011	35kV 及以上小于 10%， 20kV 及以下三相±7%	85%～110%

由表 8.1 可知，我国标准均规定光伏发电并网系统电压偏差应满足相应的电能质量国家标准，但是对正常运行电压范围的划分有所差别。建议根据系统的并网容量、并网电压等级等因素综合考虑制定合适的正常运行电压范围，既要避免范围限定过于严格，不利于降低系统的并网运行利用率，也要避免范围过于宽泛，影响到并网电力系统的安全、稳定性。

2. 电压波动和闪变

IEEE 1547—2003 标准指出：分布式电源不能使地区电力系统电压超过 ANSIC 84.1—1995 标准所规定的范围；与电网并列运行的分布式电源在 PCC 处引起电压波动不应超过±5%；分布式电源不应该造成区域电力系统中其他用户的电压闪变。IEEE Std 929—2000 规定电压闪变限值不应超过 IEEE Std 519—1992 中的规定。IEC 61727—2004 规定：光伏发电系统运行不应该使电压闪变超出 IEC 61000－3－3（＜16A 系统）、IEC 61000－3－5（≥16A 系统）中的相关规定。

《光伏发电站接入电力系统的技术规定》（GB/Z 19964—2005）及 Q/GDW 617—2011 均规定，光伏电站接入电网后，PCC 点的电压波动和闪变应满足《电能质量 电压波动和闪变》（GB/T 12326—2008）的规定，光伏电站引起的电压闪变值应根据光伏电站装机容量与公共连接点上的干扰源总容量之比进行分配。一般而言，光伏发电系统与电网相连引起的电压波动和闪变很小，基本不会引起电网的电压波动和闪变值越限。

3. 频率

光伏发电系统并网时应与电网同步运行。各标准对光伏发电系统的正常运行频率范围或偏差限值做出了相关规定。我国国家标准并未对光伏发电系统的正常运行频率范围做出规定，仅规定频率偏差限值为 ±0.5Hz。而《电能质量 电力系统频率偏差》（GB/T 15945—2008）中规定，用户冲击负荷引起的系统频率变动一般不得超过 ±0.2Hz，当系统容量较小（系统装机容量不大于 3000MW）时可以放宽到 ±0.5Hz。IEEE Std 929—2000 中指出，对于小型独立的电力系统不宜将频率偏差规定得太小，通常要在上述规定的频率范围外有一定的频率偏差。如将系统频率偏差规定得过小，势必影响电气设备对频率的适应性，对于大型的光伏发电系统，电网也许需要其能够主动参与调节电网频率。因此，建议可以将光伏发电系统看作一类特殊的负荷，采纳 GB/T 15945—2008 中的方法，对容量较小的光伏发电系统制定较为宽泛的正常运行频率范围和偏差限值。

4. 谐波与波形畸变

大部分国内外标准规定，光伏发电系统的输出应该有较低的电流畸变水平以确保不会给并网的其他设备带来危害。国家标准、IEC 61727—2004 及 IEEE 标准均规定偶次谐波电流畸变值不应超过奇次谐波的 25%，对谐波次数小于 35 次的电流畸变限值的规定也相同。

5. 直流分量

当光伏发电系统的并网逆变器输出端直接与电网连接（不带隔离变压器），逆变器存在参数不均衡、触发脉冲不对称等情况时，可能向电网注入直流电流。直流注入将会对变压器等电网设备产生不良影响。Q/GDW 617—2011 中对光伏电站并网运行时馈入电网的直流分量的限值要比国家标准严格。除了对光伏发电系统的直流注入进行限定之外，有些国家的标准还规定，一旦光伏发电系统的直流注入超过规定值就需在规定时间内切除电源。

8.2.3 保护与控制

1. 低电压穿越

有些标准还要求大型和中型光伏电站应具备一定的低电压穿越能力，Q/GDW 617—2011 中对大中型光伏电站的低电压穿越要求为：当并网点电压跌落至 20% 标称电压时，光伏电站能保证不间断并网运行 1s；且如果光伏电站并网点电压发生跌落后 3s 内能恢复到标称电压的 90% 时，光伏电站应能保证不间断并网运行。建议在制定或修改国家标准时重点考虑这方面的问题，当电网故障时，充分利用光伏发电系统的低电压穿越能力为电网提供电压支撑。

2. 频率异常

当电网频率偏离规定的条件时，光伏发电系统应该停止向电网供电。如果频率在规定的跳闸时间内恢复到正常电网连续运行的情况，则不必停止供电。频率保护装置允许时间延迟的目的是为了避免由于短期扰动引起的误动作，国家电网公司要求大型和中型光伏电站应具备一定的耐受系统频率异常的能力，这有利于光伏发电系统在一定条件下参与调节电网频率。我国在制定国家标准时，也应当考虑电网的实际情况，规定光伏发电系统的耐受系统频率异常的能力。

3. 防孤岛效应

防孤岛效应的保护是分布式电源特有的保护。当光伏发电系统并入的电网失压，处于非计划孤岛运行时，需要在规定的时间内检测到孤岛运行并停止供电。超出运行状态导致光伏发电系统停止向电网送电，在电网的电压和频率恢复到正常范围后，需延迟一段时间再并入电网运行。IEEE Std 929—2000 和 UL 1741 标准还规定，所有的并网逆变器必须具有防孤岛效应的功能，同时这两个标准给出了并网逆变器在电网断电后检测到孤岛效应并将逆变器与电网断开的时间限制。

8.3 风电并网技术标准

近年来我国风电装机增长迅速，随着我国提出大规模发展风电的计划，百万、千万千瓦级风电基地将逐渐形成，需要编制并及时修订符合我国风电发展特点的风电场并网技术规范、标准。

目前国际上美国、加拿大，以及北欧等国家一些电力协会或电力公司均编制有风电场并网技术规范、标准或相关研究报告，例如德国 E. ON 公司编制的风电并网标准《*Grid Code，High and extra high voltage*》、美国能源标准委员会的编制的风电并网标准《*Interconnection for Wind Energy*》。

我国颁布的风电场并网技术指导标准主要有《风电场接入电力系统技术规定》（GB/Z 19963—2005）、《风电场接入电网技术规定》（Q/GDW 392—2009）。同时一些公司根据自己区域内风电发展特点也制订了相应的风电并网技术标准。

国内电力行业现有的适用于风电并网的国家和行业标准有《电力系统安全稳定导则》（DL 755—2001）、《电力系统电压和无功电力技术导则》（SD 325—1989）、《风力发电机组 电能质量测量和评估方法》（GB/T 20320—2006）、《电网运行准则》（DL/T 1040—2007）、《电能质量 供电电压偏差》（GB/T 12325—2008）、《电能质量 电压波动和闪变》（GB/T 12326—2008）、《电能质量 公用电网谐波》（GB/T 14549—1993）、《电能质量 电力系统频率偏差》（GB/T 15945—2008）、《电能质量 三相电压不平衡》（GB/T 15543—2008）。

国内外风电并网技术相关标准基本包括以下几个方面：电压、无功功率、低电压穿越能力、频率、有功功率、电能质量。本章通过以下几个小节分别论述风电并网过程中的技术要求。

8.3.1 并网方式

目前，国内外的风电大多是以风电场形式大规模集中接入电网。考虑到不同的风电机组工作原理不同，因此其并网方式也有区别。国内风电场常用机型主要包括异步风力发电机、双馈式异步风力发电机、直驱式交流永磁同步发电机、高压同步发电机等。同步风力发电机的主要并网方式是准同步和自同步并网；异步风电机组的并网方式则主要有直接并网、降压并网、准同期并网和晶闸管软并网等。各种并网方式都有其本身的优缺点，根据实际所采用的风电机组类型和具体并网要求选择最恰当的并网方式，可以减小风电机组并网时对电网的冲击，保证电网的安全稳定运行。

我国在制定风力发电并网国家标准 GB/Z 19963—2005 时，只考虑到当时的风电规模和风电机组的制造水平，是一个很低的标准。近年来风电事业发展迅速，整体呈现大规模、远距离、高电压、集中接入的特点，对电网的渗透率越来越高，为使风电成为一种能预测、能控制、抗干扰的电网友好型优质电源，有必要对原有标准进行升级完善。

8.3.2 电能质量

大部分国家和地区的风电并网标准均要求风电场正常运行时满足本国家和地区的电能质量标准。

风电场电能质量应符合国家电能质量标准对于电网公共连接点的要求值，主要规范有 GB/T 12326—2008、GB/T 14549—1993、三相电压不平衡度满足国家标准 GB/T 15543—2008。如果风电场供电范围内存在对电能质量有特殊要求的重要用户，可提高对风电场电能质量的相关要求。

目前我国风电场一般距离负荷中心较远，风电场所发电力无法就地消纳，需要通过输电网络输送到负荷中心，风电场出力较高时，风电场并网线路无功损耗以及风电场本身的无功需求会导致系统无功不足，系统并网点以及周边地区电压会受到影响。风电场对系统电压的影响主要是风电场本身所发无功和系统无功不足造成的，应从两个方面来解决这个问题：风电场本身需要有一定的无功电源配置，一方面风电机组可以采用双馈式异步发电机和永磁式直驱发电机等新型风电机组，风电机组本身有变频器，可以实现一定范围的有功和无功控制；另一方面风电场变电站内可以集中加装无功补偿装置来提高并网点的电压水平和电压稳定裕度；从电网角度来看，电网公司应该加强网架建设和无功储备，增强系统之间无功电源的互供能力。

1. 电压波动和闪变

GB/T 12326—2008 对电压波动和电压闪变给出了详细的解释。电压被波动可以通过电压方均根值曲线 $U(t)$ 来描述，是指电压方均根值一系列的变动或者连续的改变，电压波动大小可以通过电压变动 d 来衡量。电压变动 d 的定义表达式为

$$d = \Delta U / U_N \times 100\% \tag{8.1}$$

式中 ΔU——电压方均根值曲线上相邻两个极值电压之差；

　　　U_N——系统标称电压。

电压闪变是指电压波动在一段时期内的累计效果，它通过灯光不稳定造成的视觉来反映，主要由短时间内闪变 P_{st} 和长时间闪变值 P_{lt} 来衡量。

风电场引起系统电压波动主要因素有风电机组本身和电网结构特点两个方面。

风电机组输出功率计算式为

$$P = \rho C p(\lambda, \beta) A v^3 \tag{8.2}$$

式中　　　P——输出功率；

　　　　　ρ——空气密度；

　　　　　A——风轮扫掠面积；

　　　　　υ——风速；

$Cp(\lambda,\beta)$——功率系数，表示风电机组利用风能的效率，是叶尖速 λ 和桨距角 β 的函数。

由式（8.2）分析可知，风速输出功率受空气密度、风速大小、叶尖速、桨距角的影响，其中风速影响更大，为三次方的关系。由于风电场风速随机性较大，风电机组功率频繁变化会引起电压频繁波动和闪变，此外，风电机组在运行过程中会受到塔影效应、偏航误差和风剪切力等因素影响，产生的转矩波动会造成风电机组输出功率的波动。

除了风能特点和风电机组本身特性外，风电机组所并网的电网结构对其引起的电压波动和闪变也具有较大影响。风电机组系统接入点的短路容量越大，引起的电压波动会越小，另外电网线路合适的 X/R 值可以使有功功率引起的电压波动被无功功率引起的电压波动补偿掉，从而使总的平均闪变值有所降低。有研究表明，风电机组并网引起的电压波动和闪变与线路阻抗角值呈非线性关系，当对应的线路阻抗角为 $60°\sim70°$ 时，电压波动和闪变值最小。

由于风电机组的出力会受到风速随机性的影响，有可能在风电系统与电网接口处造成电压波动，其中 GB/Z 19963—2005 与 Q/GDW 392—2009 均规定，风电场所在的公共连接点的闪变干扰允许值和引起的电压变动和闪变应满足 GB/T 12326—2008 的要求，其中风电场引起的长时间闪变值 P_{lt} 按照风电场装机容量与公共连接点上的干扰源总容量之比进行分配。风电机组的闪变测试与多台风电机组的闪变叠加计算，应根据 IEC 61400 - 21 有关规定进行。

IEEE 1453—2004 标准中规定的 220kV 以下闪变限值与我国国家标准 GB/T 12326—2008 相同，该标准同时规定了电压超过 230kV 系统的闪变限值，而在 GB/T 12326—2008 中没有规定。

2. 频率

我国和欧洲国家电网额定频率为 50Hz，美国和加拿大电网额定频率为 60Hz，因此，各个国家对于本国电网的正常频率范围和频率偏差限值的规定有所不同。大部分标准均规定，当电网频率偏移正常运行范围时，在某些频率范围内可以允许风电机组短时间运行。我国的电网标准要求频率与正常运行范围有较小偏差时，风电场可以并网运行一段时间；偏差过大时，风电机组应逐步退出运行或根据电网调度部门的指令限功率运行。德国 E. ON 和 VET 公司规定频率高于 50.2Hz 时风电机组减少出力，西班牙规定低于 47.5Hz 时风电机组停止运行。

3. 谐波

风电机组并网引起的谐波问题主要由风电机组本身特性和辅助装置中的电力电子元件引起。对于恒速风电机组，软并网装置由于含有电力电子元件，当机组进行并网操作时，软启动过程将产生部分谐波电流，由于时间很短，一般为 0.2s 左右，此过程的谐波电流注入可以忽略不计。风电机组启动后进入正常运行过程，因为风电机组运行中没有电力电子元件的参与，没有谐波电流产生。对于变速恒频风电机组，其中的变流器由整流和逆变装置组成，由于上述电力电子装置始终处于工作状态，会产生很严重的谐波问题，谐波对系统的干扰程度与变流器整体设计结构和安装的滤波器性能有关。

GB/Z 19963—2005 与 Q/GDW 392—2009 中均指出，当风电场采用带电力电子变换器的风电机组或无功补偿设备时，需要对风电场注入系统的谐波电流做出限制。风电场所在的公共连接点的谐波注入电流应满足 GB/T 14549—1993 要求，其中风电场向电网注入的谐波电流允许值按照风电场装机容量与公共连接点上具有谐波源的发/供电设备总容量之比进行分配。风电机组的谐波测试与多台风电机组的谐波叠加计算，应根据 IEC 61400—21 有关规定进行。

8.3.3　风电场无功配置及电压

1. 风电场无功配置

恒频恒速风电机组与系统直接连接的形式发电，并网特性类似于异步电机运行特性，风电机组出力随风速大小而波动，有功、无功出力控制性差，需要从系统吸收大量无功。变速恒频双馈异步风电机组定子绕组与系统直接连接，转子绕组通过变频器与系统连接，可以实现一定范围的有功和无功控制。

风电场可以采用的无功配置方式主要有风电机组本身无功控制和在风电场集中加装无功补偿装置两种，从目前风电场实际运行经验来看，如果仅靠风电机组本身无功电源的话，风电场仍需要从系统吸收无功，不能满足系统电压调节需要，需要在风电场集中加装适当容量的无功补偿装置，无功补偿装置可以采用投切的电容器组或者采用静止无功补偿器和静止同步补偿器。

Q/GDW 392—2009 中规定无功补偿装置应具有自动电压调节能力，对于直接接入公共电网的单个风场，其配置的容性无功容量除了能够补偿风电场汇集系统及主变压器的感性无功损耗外，还要能够补偿风电场满发时送出线路一半的感性无功损耗；其配置的感性无功容量能够补偿风电场送出线路一半的充电无功功率。

根据 SD 325—1989 的规定，风电场无功容量应按照分层和分区基本平衡的原则进行配置。考虑到风电场并网无功配置问题较为复杂，在参考规程的同时，建议通过风电场接入系统无功专题研究来确定具体的无功容量配置。

2. 风电场电压

风电场所发有功及无功均可在一定范围内变化，风电场并网后出力的变化及功率因数的调节都会对接入电网的电压产生一定的影响，同时电网电压水平也将影响风电场并网点高压侧母线以及风电机组端电压水平。

GB/Z 19963—2005 和 Q/GDW 392—2009 对风电场调压方式的规定主要有两个方面。

（1）对风电场运行电压的要求。风电场变电站的主变压器应采用有载调压变压器，当风电场并网点的电压偏差在其额度电压的 −10%～+10% 之间时，风电场内的风电机组应能正常运行；当风电场并网点电压偏差超过 +10% 时，风电场的运行状态由风电机组的性能确定。

（2）对风电场电压控制形式的要求。风电场应配置无功电压控制系统，根据电网调度部门指令，风电场通过其无功电压控制系统自动调节整个风电场发出（或吸收）的无功功率，实现对并网点电压的控制，其调节速度和控制精度应能满足电网电压调节的要求。

当公共电网电压处于正常范围内时，风电场应当能够控制风电场并网点电压在额定电压的 97%～107% 范围内。

3. 风电场低电压穿越

低电压穿越（Low Voltage Ride Through，LVRT）是当电网故障或扰动引起的风电场并网点电压跌落时，在一定电压跌落范围内，风电机组能够不间断并网运行。

目前我国风电事业迅猛发展，伴随着风电装机容量的不断增加，其占电网总装机容量的比例不断增大，尤其是在电网的末端装机比重更大。当电网出现电压突降时，不具备低电压穿越能力的风电机组切机将对电网的稳定运行造成巨大影响。风电机组是否具备低电压穿越能力不但会对电网的安全稳定运行产生巨大影响，还会对风电机组本身寿命及运行维护成本产生影响。国家标准尚未对此做出任何规定，而 Q/GDW 392—2009 以及美国、加拿大、欧洲众多国家的标准均已经针对 LVRT 制定了相关要求，可以作为重要的参考依据。

各国对于 LVRT 的基本要求各不相同，但可以用几个关键点大致描述风电场 LVRT 的要求：并网点电压跌落至某一个最低限值 U_1 时，风电机组能维持并网运行一段时间 t_1，且如果并网点电压值在电压跌落之后的 t_2 时间内恢复到一定电压水平 U_2，风电机组应保持并网运行。Q/GDW 392—2009 与美国标准对 LVRT 的规定大致相同。加拿大规定，各省各地可以根据实际情况进行相应修改。2001 年之前，德国电网上的风电机组在电网故障时都会切除；到 2001 年时有实现故障后有功支持的简单要求；2003 年之后提出更高要求，要求无功电流贡献以控制电压。此外，双重电压降落特性是丹麦并网要求的一部分，它要求两相短路 100ms 后间隔 300ms 再发生一次新的 100ms 短路时不发生切机；单相短路 100ms 后间隔 1s 再发生一次新的 100ms 电压降落时也不发生切机。

GB/Z 19963—2005 于 2005 年发布，制定标准时我国风电发展处于刚起步阶段，风电在电力系统中所占的规模较小，对电力系统影响较小，因此没有要求风电场应具有低电压穿越能力。

随着近几年风电装机容量快速增长，在电网故障引起并网点电压跌落时，将风电场切出的策略不再适合，风电场应具有保持不脱网连续并网运行能力，甚至还可以为电网提供一定的无功功率以帮助电网恢复，直至电网恢复正常，即风电场低电压穿越能力，可以形象地解释为风电场帮助电网度过穿越低电压时间的能力。

与美国风电场低电压穿越能力相比，我国风电场内的风电机组应具有在并网点电压跌至 20% 额定电压时能够保证不脱网连续运行 625ms 的能力；风电场并网点电压在发生跌落后 2s 内能够恢复到额定电压的 90% 时，风电场内的风电机组能够保证不脱网连续运行。

有功恢复内容与德国 E.ON 公司制定的条款一致，同样要求风电场具有有功恢复能力，风电场在故障消除后应快速恢复有功，应以至少 10% 额定功率的速度恢复至故障前的值。

相对国外相关规程而言，我国对风电场低电压穿越能力的要求较为宽松，保证风电机组不脱网运行 625ms 的能力主要是考虑了保护启动时间（0.125s）和后备保护时间（0.5s），风电场最低电压取到 20% 左右，考虑了我国电网的实际情况，风电场附近线路发生故障时，并网点电压一般都降至额定电压的 20％左右。

8.3.4　风电场有功功率和频率

风电场控制其有功输出方式包括切出风电机组，切出整个风电场，对于变桨距风电机组，随着风电场装机规模增大，风电场应具备有功功率调节能力，装设有功功率控制系统，能根据电网调度部门指令控制其有功功率输出。

1. 有功功率变化限值

风电场有功功率变化限值应根据所接入电网的调频能力及其他电源调节特性，由电网调度部门确定。风电场并网风速增长过程中以及风电场的正常停机，风电场有功功率变化应当满足电网调度部门的要求。

2. 紧急控制

在电网紧急情况下，风电场应根据电网调度部门的指令来控制其输出的有功功率，主要有以下 3 个方面的内容。

（1）电网故障或特殊运行方式下要求降低风电场有功功率，以防止输电设备发生过载，确保电力系统稳定性。

（2）当电网频率高于 50.2Hz 时，依据电网调度部门指令降低风电场有功功率，严重情况下可以切除整个风电场。

（3）风电场的运行危及电网安全稳定，电网调度部门有权暂时将风电场切除。

3. 风电场功率预测

Q/GDW 392—2009 中规定风电场应配置风电功率预测系统，要求预测系统应具备0～48h 短期风电功率预测以及 0.25～4h 超短期风电功率预测功能。

风电场每 0.25h 中，应自动向电网调度部门滚动上报未来 0.25～4h 的风电场发电功率预测曲线，预测值的时间分辨率为 0.25h。

风电场每天按照电网调度部门规定的时间上报次日 0～24h 风电场发电功率预测曲线，预测值的时间分辨率为 0.25h。

目前国内还没有比较完善成熟的风电功率预测系统，通过风电场功率预测系统的建设，电网调度部门可以对风电进行有效调度和科学管理，提高电网接纳风电的能力，根据风电场功率预测结果，可以合理安排常规能源发电计划，较少系统旋转备用容量，提高整个电力系统运行的经济性；同时可以合理安排运行方式和应对措施，提高电网的安全性和可靠性。

4. 风电场频率适应能力

风电场对系统频率的适应能力要求如下：

（1）电网频率低于 48Hz，应根据风电场内风电机组允许运行的最低频率而定。

（2）电网频率 48～49.5Hz，每次频率低于 49.5Hz 时要求风电场至少能运行 10min。

（3）电网频率 49.5～50.2Hz，风电场必须连续运行。

（4）电网频率高于 50.2Hz，每次频率高于 50.2Hz 时，要求风电场至少能运行 2min，并且执行电网调度部门下达的高周切机策略，不允许停止状态的风电机组并网。

上述规定频率范围为 48～50.2Hz，目前国外相关技术规定中德国标准频率范围为

47.5～51.5Hz，丹麦标准频率范围为 47～52Hz，英国标准频率范围为 47.5～55Hz，各国标准存在一定差异，考虑到国内风电机组制造水平尚处于完善阶段，我国制定的标准相对宽松一些。

8.3.5 风电场并网二次部分

1. 基本要求

风电场的二次设备及系统应符合电力系统一次部分技术规范、电力系统二次部分安全防护要求及相关设计规程。

风电场与电网调度部门之间的通信方式、传输通道和信息传输由电网调度部门作出规定，包括提供遥测信号、遥信信号、遥控信号、遥调信号以及其他安全自助装置的信号，提供信号的方式和实时性要求等。

2. 正常运行信号

在正常运行情况下，风电场向电网调度部门提供的信号主要包括以下几个方面：①单个风电机组运行状态；②风电场实际运行风电机组数量和型号；③风电场并网点电压；④风电场高压侧出线的有功功率、无功功率、电流；⑤高压断路器和隔离开关的位置；⑥风电场的实时风速和风向。

3. 故障信息记录与传输

在风电场变电站需要安装故障记录装置，记录故障前 10s 到故障后 60s 的情况。该记录装置应该包括必要数量的通道，并配备至电网调度部门的数据传输通道。

4. 风电场继电保护

(1) 风电场相关继电保护、安全自动装置以及二次回路的设计，安装应满足电网有关规定和反事故措施的要求。

(2) 考虑到风电场应具有低电压穿越能力，宜配置全线速动保护，有利于快速切除故障，帮助风电机组减少低电压穿越时间。

(3) 风电场应配置故障录波设备，故障录波设备应具备接入数据通道传至电网调度部门的功能。

5. 风电场调度自动化

风电场调度自动化部分应满足的文件主要有《电网二次系统设备配置原则与系统设计技术规范》《调度自动化 EMS 系统远动信息接入规定》《关口电能计量装置配置原则》《电力二次系统安全防护规定》（国家电力监管委员会令第 5 号）、《电力二次系统安全防护总体方案》（电监安全〔2006〕34 号）。

6. 风电场通信

(1) 风电场并网时应具有两条路由通道，其中至少有一条光缆通道。

(2) 风电场与系统直接相连的通信设备需与系统接入端设备相一致，如光纤传输设备、调度程控交换机等设备。

习　　题

1. 简述光伏发电并网技术标准对并网方式要求。

2. 简述光伏发电并网技术标准对电能质量要求。

3. 简述光伏发电并网技术标准对保护与控制要求。

4. 简述风电并网技术标准对并网方式要求。

5. 简述风电并网技术标准对电能质量要求。

6. 简述风电并网技术标准对无功配置及电压要求。

7. 简述风电并网技术标准对有功功率和频率要求。

8. 简述风电并网技术标准对风电场并网二次部分要求。

第9章 "农光互补"并网光伏电站

我国的农业大棚占地面积位于世界的第一位，主要类型为塑料大棚和日光温室，能得到充分利用的面积却极少。由于温室气体引发的地表温度持续升高，雾霾、酸雨和沙尘暴等灾害的持续发生，世界各国将如何应对气候变化列为讨论的政治议题。大力开发新能源将尽可能的促使人们减少对传统能源的使用，有利于保持可持续发展、改善环境。如何大力开发新能源、应对气候变化也是我国的基本国策，将一直贯穿在未来的能源发展战略的过程中。

农光互补也称光伏农业，太阳能光伏发电因零排放无污染等优点，既可以提供良好的生长环境给农作物、水产养殖、畜牧养殖和食用菌，又具有发电能力。光伏农业是一种新的土地空间立体化利用的形式，在棚外架设光伏组件，发展农业的"上发电下养殖"的新格局，实现了农业作物经济和能源发电效益的"双赢"，达到"1＋1＞2"的效果，更有效、更合理地利用有限土地资源。发展光伏农业，响应世界的低碳环保的口号，带动当地的旅游及周边城市的商业化发展，解决当地居民就业问题，实现了农民、政府和企业的共同发展的效果。光伏大棚项目响应国家产业政策，利用新能源，促进能源结构调整及节能减排，引领了低碳环保的绿色能源潮流，光伏大棚的建设势在必行。更为重要的是，该电站的启动，是一种有效的光伏扶贫方式，实现光伏扶贫加速解决三农问题。

目前，我国的农光互补光伏电站项目主要集中在光照充足的在江苏、山东、浙江、云南等省份，农业种植大棚占地面积至少333万 m^2，由此可知我国光伏农业大棚项目具有很广阔的发展前景。截至2014年，我国的光伏蔬菜大棚、光伏畜禽养殖大棚和食用菌等项目的装机容量为1182MW，国家已经审批通过的渔光互补和农光互补的项目达到400多个，达到2.9GW的总装机容量。在国家政策的支持下，光伏企业加快光伏农业的建设，据悉，2014年，英利集团有限公司在广西隆安建设的光伏农业大棚项目，装机容量为60MW；2015年，天合光能股份有限公司在西双版纳已建光伏农业茶园，装机容量为51MW，预期年发电量8000万 $kW \cdot h$；2015年，青岛昌盛日电太阳能科技股份有限公司在银川永宁30MW的光伏农业项目顺利并网。2014年海南的示范项目基地利用红外热像仪分析了光照强度对植物生长的影响，在组件下的光照强度大约会降低为正常光照强度的 $1/20 \sim 1/8$，这对于植物的生长来说是非常弱的，但在这种情况下植物依然生长的很好，这个研究成果对光伏大棚的设计起到了至关重要的作用。

在国外，特别是欧美的一些国家，光伏技术在农业中的应用发展迅速，目前罗马尼亚、以色列、巴基斯坦、日本等国家也加入到光伏农业的行列。据了解，以现代农业文明的以色列也拥有十分丰富的太阳能资源，因此这个国家在政府的扶持下已经建立了完整的光伏农业系统，在光伏技术的应用和推广方面取得了显著成就，值得我国学习。相对而言，巴基斯坦的光伏农业正处于起步阶段，目前的巴基斯坦对常规能源的过度依赖，导致燃料价格居高不下，以及当地水资源逐步恶化，促进了该国决定通过农光互补的方式来解决目前的困境。日本福岛在2011年发生的核泄漏事件在当地居民心理留下了巨大的阴影，因此当地决定大力发展更为安全的光伏农业，在强大的技术和财政支持的帮助下，建设了光伏农业园，利用2000多块光伏组件为种植大棚和当地住户供电，通过与设施农业的结合，产量大幅度提高，给光伏农业的未来发展树立良好的榜样。最新统计指出外国学者们对光伏农业主要在发电效率的提升、组件的类型和安装方式等方面进行研究，为降低电站的建设成本和提高发电量等反面做出了巨大的贡献。

9.1 项 目 综 述

9.1.1 电站选址

农光互补也称光伏农业，太阳能光伏发电零排放无污染等优点，既可以提供良好的生长环境给农作物、水产养殖、畜牧养殖和食用菌，又具有发电能力。

电站选址在辽宁省鞍山市岫岩满族自治县，位于辽东半岛的北部，地理面积达到 $4502km^2$，总人口约为50万。岫岩满族自治县北高南低，境内以低山的山地为主，平均海拔92.40m。

岫岩满族自治县的 $20MW_p$ 光伏发电采用"农光互补"模式，可提供光伏项目使用土地约为1000亩，其中一般农田占地约为500亩，其余为未利用土地。距离项目地5.1km现有一座变电站，10～66kV，适合做并网式光伏发电，结合当地资源与技术，可大力发展清洁能源，促进生态农业发展，带动当地就业和产业升级，具有良好的经济和环境效益。

9.1.2 太阳能资源

据统计，当前辽宁省内年平均太阳总辐照量为 $4400～5100MJ/m^2$，年平均日照时数大约在2400～2800h，鞍山的太阳辐照的分布表现出四季分布的不对称性，具有夏多冬少的特点，春季和夏季的总辐照量占全年的55%～60%，适合于建设太阳能光伏电站。

利用工程所在区域的NASA气象数据作为对照参考，根据推算的2003—2012年太阳辐射数据，做出太阳总辐射量年内变化图，如图9.1所示。

可见，岫岩满族自治县太阳辐射的月变化较大，其数值在 $211～611MJ/m^2$ 之间，月总辐射从1月开始急剧增加，5月达最高值，为 $611MJ/m^2$，6月略有下降，8月开始迅速下降，冬季12月达最小值，为 $211MJ/m^2$。

通过上述分析可知，岫岩满族自治县的年平均辐照度相对稳定，该地区是太阳能资源丰富的地区，能够满足建设光伏电站的光资源要求，因此，该地区可以建设大型并网太阳能光伏发电的电站。

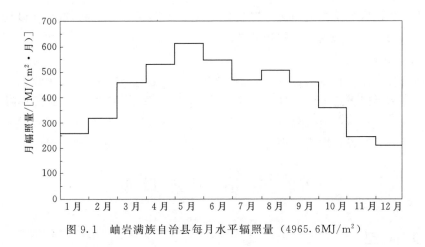

图 9.1 岫岩满族自治县每月水平辐照量（4965.6MJ/m²）

9.1.3 气象条件影响分析

1. 当地气象要素

当地气象要素分析，见表 9.1。

表 9.1 当地的气象要素

项 目	参 数	项 目	参 数
累年平均气温	8℃	累年平均降水量	820.1mm
极端最高气温	37.7℃	标准冻土深度	20cm
极端最低气温	−36.6℃	最大冻土深度	118cm
多年平均气压	1007.8hPa	最大风速	20m/s
多年平均相对湿度	60%	平均风速	2.2m/s
年日照时数	2302.7h	多年最大积雪深度	40cm

2. 温度和降水量分析

岫岩满族自治县年平均气温为 8℃。极端最高气温 37.7℃，极端最低气温−36.6℃。当地年平均降水量 820.1mm。岫岩满族自治县月均降水和气温情况，见表 9.2。

表 9.2 岫岩满族自治县月均降水和气温

月份	1	2	3	4	5	6	7	8	9	10	11	12
最高温度/℃	−3.3	0.44	7.01	15.7	22.3	25.5	27.6	28.3	24.2	17	7.15	−1.06
最低温度/℃	−15.6	−11.8	−4.52	2.59	9.17	15.1	19.7	18.9	11.4	3.64	−4.1	−12.4
降水量/mm	6.9	9.13	15.5	40	57.9	97.7	231	222	77.1	46	21.3	9.97

由上述数据可知，该电站在采购光伏组件和逆变器时应参考当地的温度等气象参数，并进行修正，以保证组件和电气设备的在任何环境条件都正常工作，来保证电站的运行效率。

3. 风向和风速

该电站场区多年平均风速 2.2m/s，最大风速 20m/s，岫岩满族自治县沙尘暴日数年均相对较少，该地区处于多风地区，将对对电站的运行产生一定的影响，在设计电站时应把这个因素考虑进去，采用相应的防风设计。

4. 雪及积雪影响分析

站址所在地区最大积雪厚度 40cm，雪及积雪对光伏电站运行的影响较大，实际运行中应在雪天气后及时清理电池组件表面的积雪，使其对发电的影响减低到最小限度。

另外，由于站址区冬季气温较低，晴朗的冬夜过后，光伏组件表面可能结霜，并且很难清理，因此，系统设计中应合理选择电池组件类型的同时，及时清理组件表面。

9.2　电站方案设计

9.2.1　设备选型

1. 光伏组件选型

太阳能电池组件是光伏发电系统的主要设备，对于分布式屋顶电站，占地面积固定，使用不同功率的组件装机容量就不同，但对于集中式地面光伏电站，无论使用哪种组件，项目的发电量基本相同。因此该电站选择组件时主要考虑经济性就可以。

目前市场上主流光伏组件类别：高效多晶 260W、单晶 280W、单晶 PERC290W，内生产光伏组件的总产量排名前三的厂家，主要生产多晶硅组件，组件型号在 240～300W，其中 260W 系列的组件产量最多。所以综合考虑性价比、组件市场情况、组件的转换效率和厂家信誉等诸多因素，该光伏电站选用规格为 260W 的多晶硅光伏组件。具体参数见表 9.3。

表 9.3 260W 的多晶硅光伏组件的参数

名　称	单　位	参　数　值
峰值功率	W	260
开路电压	V	38.2
短路电流	A	9.00
工作电压	V	30.6
工作电流	A	8.50
转换效率		16.5
外形尺寸（宽×高×厚）	mm	1650×992×35
重量	kg	18.6
数量	块	76800
型号		Datasheet _ Honey PD05/260

2. 逆变器选型

逆变器是将直流电转换成交流电的设备，是光伏电站建设成本的 5％～8％，它还可以最大限度的发挥太阳能电池的性能和系统故障保护功能，它的质量将影响单一光伏发电项目效率的高低和年发电量多少。

选购并网逆变器时首先应注意包装箱和产品的标识，其次检查产品的随机资料应齐全。如若选购国外生产的逆变器，一定要考虑其是否符合我国的逆变器标准，目前我国按照《光伏发电并网逆变器技术规范》（NB/T 32004—2018）执行，如产品的输出频率、电压是否与我国电网的公共点一致，还要注意过欠电压国内外的标准存在明显的差异，在国外的产品使用过程中，可能存在拒动或误动的安全问题。选购时还应关注产品的最大功率点跟踪，以及中低功率运行时的电能质量状况，注意防孤岛效应、接地保护、短路保护、防雷保护及逆向功率保护的参数，还要注意谐波畸变率是否满足国际规定。所选逆变器参数见表9.4。

表 9.4 500kW 逆变器的技术参数

名　　称	单位	参　数　值
型号		KNGI1000 – 500HEA
输出额定功率	kW	500
额定交流侧功率	kW	500
最高转换效率	%	98.6
欧洲效率	%	98.2
输入直流侧电压范围	VDC	1000
最大功率跟踪（MPPT）范围	VDC	450～820
最大直流输入电流	A	1120
交流输出电压范围	V	315
输出频率范围	Hz	50
功率因数		≥0.99
尺寸（宽×高×厚）	mm	2400×2140×950
重量	kg	1876
工作环境温度范围	℃	−20～+55
数量	台	40

3. 升压变压器选型

目前变压器低压侧有两种进线方式，一是采用双绕组式变压器，每个模块单元的两台500kW逆变器分别独立汇集进线；二是采用双分裂式变压器，每个模块单元的两台500kW逆变器汇流后进线。

双绕组式变压器具有接线简单，操作灵活，设备发生故障或者设备检修时停电范围小，高压侧出线多，成本高和占地面积大的特点；双分裂式变压器具有设备少，变压器故障或检修时，将影响整个光伏电站的电量送出，成本低和占地面积小的特点。

根据上述两种变压器的特点综合考虑，决定采用双分裂式变压器，容量选用1MVA，考虑到电站的自然环境，变压器采用箱式变电站。

9.2.2 案例技术方案

1. 光伏组件的安装方式选择

在并网型光伏电站设计中，光伏组件的安装方式的选择将影响组件表面的辐照量和电站的发电量。目前,光伏组件支架常用的安装方式有:固定式和跟踪式(包括单轴和双轴跟踪)。固定式由于结构简单、投资成本低和后期免维护等优点在国内应用较为广泛,但年平均日照时数较低。跟踪式通过根据太阳高度角和方位角的变化调整电池板的最佳角度接受太阳能的辐射,从而提高20%~40%的发电量,其年平均日照时数相对于固定式有了大幅度的提高,但其投资成本偏高,后期又需要维护等原因限制了对它的使用。倾角可调支架是根据太阳高度角季节性变化而改造出来的新地光伏支架模式。同固定倾角支架安装比较,倾角可调支架的人工成本和支架成本都会略微增加,但可以增加发电量;同跟踪式比较,倾角可调支架安装成本减少,且后期基本免维护。于是,许多电站投资商青睐于倾角可调支架的安装方式。通过软件模拟光伏电站地区,将倾角可调安装方式和固定倾角安装方式的发电量进行对比,计算分析倾角可调式安装方式所带来的经济效益。

(1)固定倾角安装。通过PVsyst软件查得岫岩满族自治县的最佳倾角为42°,方位角为0°。

(2)倾角可调安装。根据鞍山地区太阳能辐射数据,见表9.5。将可调的方式分为二次可调(4—9月调一次、10月至次年3月调一次)、三次可调(9月至次年2月调一次、3—4月调一次、5—8月调一次)和四次可调(10月至次年2月调一次、3—4月调一次、5—8月调一次、9月调一次),方位角为0°。

表9.5　　　　　　　　　　　　　　鞍山地区太阳能辐射数据　　　　　　　　　　辐照量单位:kW/m²

时间		月平均日辐照量												年平均日辐照量
		1月	2月	3月	4月	5月	6月	7月	8月	9月	10月	11月	12月	
倾斜角	0°	2.3	3.3	4.2	5.1	5.3	5.2	4.4	4.4	4.2	3.2	2.3	2.0	3.9
	10°	3.0	3.9	4.7	5.3	5.1	5.1	4.4	4.5	4.5	3.7	2.8	2.6	4.2
	20°	3.5	4.4	5.0	5.4	5.5	5.0	4.3	4.5	4.7	4.1	3.3	3.1	4.4
	30°	4.0	4.8	5.3	5.3	4.8	4.3	4.5	4.8	4.4	3.7	3.5		4.6
	40°	4.4	5.2	5.4	5.3	5.1	4.6	4.0	4.3	4.8	4.6	4.0	3.8	4.6
	50°	4.7	5.3	5.4	5.0	4.8	4.3	3.7	4.1	4.7	4.7	4.3	4.1	4.6
	60°	4.8	5.4	5.2	4.7	4.4	3.9	3.4	3.8	4.6	4.7	4.4	4.2	4.5
	70°	4.8	5.3	5.0	4.3	3.9	3.4	3.5	4.3	4.6	4.4	4.1		4.2
	80°	4.7	5.1	4.6	3.9	3.4	3.0	2.7	3.1	3.9	4.4	4.4	4.2	3.7
	90°	4.5	4.8	4.2	3.3	2.9	2.6	2.3	2.7	3.5	4.0	4.0	4.1	3.6
最佳倾角		67°	59°	44°	25°	8°	0	3°	17°	36°	54°	64°	69°	41°
最佳倾角时辐照量A		4.8	5.4	5.4	5.4	5.5	5.2	4.4	4.5	4.8	4.7	4.4	4.3	4.9
年最佳倾角时辐照量B		4.4	5.2	5.4	5.2	5.1	4.6	4.0	4.3	4.8	4.6	4.1	3.9	4.6
A/B		1.1	1.0	1.0	1.0	1.1	1.1	1.1	1.1	1.0	1.0	1.1	1.1	1.1
B/C		1.9	1.6	1.3	1.0	0.9	0.9	0.9	1.0	1.2	1.4	1.7	1.9	1.3

根据表9.5可知,将安装时每月的倾斜角对应的月平均日辐照量乘当月天数可得当月的月辐照量,再将12个月的月辐照量相加,可得到年总辐照量;多晶硅的转换效率为

16.5%，系统效率为76.8%，年发电量＝年辐照量×转换效率×系统效率；收益＝年发电量×电价（税后为0.75元）。

通过计算对比得出，安装方式选为每年调3次倾角。

2. 组件串并联数

$$INT(V_{dcmin}/V_{mp}) \leqslant N \leqslant INT(V_{dcmax}/V_{oc}) \tag{9.1}$$

式中　V_{dcmax}——逆变器输入直流侧最大电压；

$\quad\quad V_{dcmin}$——逆变器输入直流侧最小电压；

$\quad\quad V_{oc}$——光伏组件开路电压；

$\quad\quad V_{mp}$——光伏组件最佳工作电压；

$\quad\quad N$——光伏组件串联数。

经计算得，光伏组件串联数量为15≤N≤21，根据岫岩满族自治县的环境温度结合光伏组件温度修正参数以及逆变器最佳输入电压等，经修正计算后光伏组件的串联数为20（块）最佳。

每一路组件串联的额定功率容量＝260W×20＝5200W。对应于所选500kW逆变器的额定功率计算，并联的路数N＝500/5.2≈96路，该电站每台逆变器采用96路接入。

3. 方阵排列方式

260W_p的多晶硅电池组件，总数量为76800块；500kW的防雷逆变器，共计40台。每20个光伏组件一串，每16路光伏组件汇集到1个智能直流汇流箱，每6个16路进汇流箱接入一台500kW逆变器。20MW光伏电站由20个独立的1MW光伏发电单元，每个发电单元设置一台1000kVA双分裂箱式美变，每10个发电单元汇成一路集电线路，光伏电站红线区域内设集电线路，在电控楼汇集站并出1回66kV线路接入附近66kV变电站，送出线路长约10km。该电站的系统组成连接如图9.2所示。

4. 方阵间距

在北半球，正南朝向的平面对应的最大日辐照量，为避免前后组件出现阴影遮挡的问题，要注意在南北向前后阵列间预留出合理的间距，前后间距的计算方法：冬至日上午9：00到下午3：00，组件之间南北方向不应有阴影遮挡。

由于前后排的农业大棚的砖墙高度相同为2.5m，可将光伏板的下端所在的水平面视为地平面，计算前后安装的光伏阵列的最小间距D，如图9.3所示。

组件倾角为60°时阵列间距最大，约为16m。考虑到农业种植采光等因素综合节约土地的原则，组件前后间距扩大到16.5m。

5. 方阵接线方案

每个单元模块包括2个500kW防雷逆变器，由96路光伏组串并联，每路光伏组串由20块光伏组件串联形成。

每16路光伏组串按接线划分的汇流区，接入直流汇流箱经电缆流入直流配电柜，经过2个500kW的防雷逆变器和交流防雷配电柜接入1000kVA双分裂箱式升压变，每10个发电单元汇成一路集电线路，升压后汇集送至升压站。

每16路光伏组串设置一个汇流箱，汇流至配电柜，每6条汇流线路设置一个直流配电柜，每个直流配电柜与一个500kW的逆变器相匹配，电流通过电缆线流经一个模块单

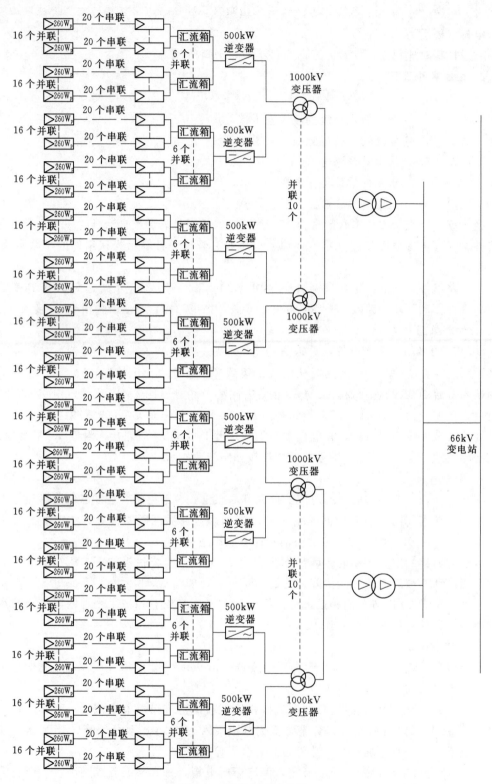

图 9.2 系统组成连接图

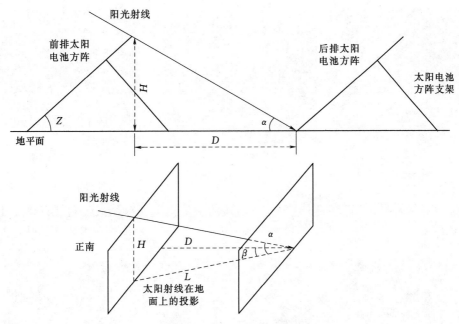

图 9.3 光伏组件阵列间距

元。汇流箱具有可室外安装、防雷、防反充,可 16 路同时输入 1 路输出、耐直流电压 1000V 和可监测采集数据等特点;配电柜具有防雷、监测采集数据等特点。

从经济和运行维护方面考虑,采用以 1MW 方阵为一个发电单元,1MW 光伏组件阵列设置 1 座 2 台 500kW 逆变器逆变升压站布置,每座逆变升压站外安装 1 台 1000kVA 室外箱式变,降低初始投资,而且故障影响范围小,减少运行与维护的工作量。

6. 光伏阵列支架设计

光伏的支架组件支撑着电站的主要经济来源,对于工程建设成本、组件破损率、光伏电站的安全运行及以后的维护等方面都有着一部分影响。不同材料支架性能对比见表 9.6。

表 9.6 不同材料支架性能对比

特 性	铝合金支架	钢支架
防腐性能	采用阳极氧化,防腐性能好,后期不需要防腐维护	采用热浸镀锌,防腐性能差,后期需要防腐维护
材料重量	约 2.71g/m²	约 7.85g/m²
材料价格	钢材的价格约为铝合金材料的 1/3	
适合项目	家庭屋顶,工业厂房屋顶等	强风地区、跨度较大等

地面电站的混凝土支架基础样式很多,可以按照项目的不同地质情况,来确定安装方式的建设。现浇钢筋混凝土基础如图 9.4 所示。其优点是工程量少、施工速度快、钢筋使用较少、建设成本低,缺点是施工方式复杂、施工的制约条件多,比如天气、季节等环境因素,完工后不可调整。

（a）直接嵌入基础　　　　　　　（b）地脚螺栓连接　　　　　　　（c）浇筑锚杆

图 9.4　现浇钢筋混凝土基础

独立及条形混凝土基础如图 9.5 所示。其优点是施工要求低、基础埋置部分不需太深、对地质要求不高，缺点是工程量大、所需人工多、施工周期长，对环境的破坏大。

（a）独立混凝土基础　　　　　　　　　　（b）条形混凝土基础

图 9.5　独立及条形混凝土基础

预制混凝土空心柱基础如图 9.6 所示。其建设高度明显提高，在农光互补、渔光互补、山地和滩涂地等电站中有很好的发展空间。

（a）水光互补电站　　　　　　　　　　（b）山地电站

图 9.6　预制混凝土空心柱基础

通过以上分析，该电站的将采用钢支架和预制混凝土空心柱基础，适应能力强，施工速度快，不受环境影响，不破坏环境。

7. 清洗方案的选择

在太阳能光伏电站的运营阶段，电站的运维是其安全、经济、高效运行的基础。为了保证光伏电站的系统效率，提高光伏电站发电量，对光伏电站的发电数据经性分析，针对电站的环境和气候条件因地制定合理的运维方案，减少损耗，对于光伏电站都有重要意义。电站中组件清洗前后对比，如图 9.7 所示。

图 9.7　电站中组件清洗前后对比图

灰尘主要是尘土和某物体的微细部分，灰尘降落到光伏板表面，不仅遮挡了组件对光照射的吸收，还影响光传播的均匀性，而且局部遮挡容易引发热斑效应，减少组件寿命，存在安全隐患。

光伏组件很容易积尘，每两个月必须对光伏组件进行一次定期清洗，保证光伏电站的系统次效率和发电量，安排清洗时间时要注意要在日出前或日落后进行清洗；在沙尘或大风天气后要及时安排清洗；雨雪后要对组件进行巡查，及时清洗组件上的泥点或积雪；在春秋候鸟迁徙的季节，每天都要对组件进行巡视，及时发现鸟粪并进行清洗。目前对组件清洗的成本较高，电站通常都与专业的清洗公司进行合作，来减少清洗的风险和成本。

常见的清洗方案有：人工干清洗，配合专用清洗剂，效率约为 1200 块/（人·天），费用约为 12000～13000 元/10MW，容易造成组件变形；高压水枪清洗，水成本约为 0.2 元/m²，人工价格和干清洗差不多，用水量大，清洗后留有水渍，影响发电量；光伏清洗车，价格 120 万～160 万元，一天的工作量大约 1MW，效率高，但效果不太理想，没有收集灰尘的功能；自动清洗车，常驻型，需建设轨道，投资成本高，控制技术要求高，维护成本高，没有灰尘收集装置；机器人清洗，效率高，成本大约 0.5 元/m²，但倾角不能超过 20°，没有灰尘收集装置，需加水，电池组件间缝隙尽量少，保证清洗车通过；喷淋清洗，成本费 0.2～0.3 元/W，不需人工，效率高，适合人工清洗不便的电站，但清洗效果不太理想，用水量大，6～7t/MW。

组件清洗时注意事项有：不要的恶劣天气情况下进行清洗；清洗工具不能使用坚硬锐利或具有腐蚀性的工具；安排清洗时间时要在日出前或日落后进行清洗，可避免电击伤害；清洗前应查看监控记录是否有输出异常，还需要用试电笔进行测试，确保人身安全；为防止划伤，要穿工作服，戴安全帽；清洗时不要踩或借力支架，组件，电缆等设备，不要将水喷射到汇流箱等设备上。

9.3 发 电 情 况

9.3.1 并网光伏系统转换效率

系统效率是影响发电量的主要因素，影响系统效率的系统效率估算修正系统统计，见表9.7。

表9.7 系统效率估算修正系统统计表

导致系统效率降低的因素	估算修正系数	光伏电站的系统综合效率
灰尘及雨水的遮挡	97%	
温度	97%	
组件间的串并联发生不匹配	96%	
直流部分线缆功率损耗	97%	
逆变器的功率损耗	97%	76.8%
变压器的功率损耗	98%	
交流部分线缆功率损耗	97%	
气候、天气和烟雾等因素	97%	
修正系数	0.98	

9.3.2 25年发电量预测

电池组件第一年衰减率为2.5%，从此以后每年的衰减率为0.7%，计算出逐年发电量，见表9.8。

表9.8 25年的发电量计算表

年	年均发电量/(万 kW·h)	年	年均发电量/(万 kW·h)
第1年	2912.71	第14年	2610.31
第2年	2839.89	第15年	2592.04
第3年	2820.01	第16年	2573.90
第4年	2800.27	第17年	2555.88
第5年	2780.67	第18年	2537.99
第6年	2761.21	第19年	2520.22
第7年	2741.88	第20年	2502.58
第8年	2722.68	第21年	2485.06
第9年	2703.63	第22年	2467.67
第10年	2684.70	第23年	2450.39
第11年	2665.91	第24年	2433.24
第12年	2647.25	第25年	2416.21
第13年	2628.72	总计	65855.02

由表 9.8 可知，在考虑电池组件的衰减率时，25 年总的发电量为 65855.03 万 kW·h，年平均发电量为 2634.20 万 kW·h。结合太阳辐射量、组件的安装方式、系统的转换效率和组件的衰减率，测算出该电站的年平均发电量为 2634.20 万 kW·h，运营期内总发电量为 65855.03 万 kW·h。

9.4　电　气　设　计

9.4.1　光伏方阵—变压器组合方案

电气主接线为电站共 20 个 1MW$_p$ 光伏发电单元，每个发电单元设置一台 1000kVA 双分裂箱式逆变，每 10 个发电单元汇成一路集电线路，光伏电站红线区域内设集电线路，在电控楼汇集并出 1 回 66kV 线路接入附近 66kV 变电站，送出线路长约 10km。

厂用电采用双电源供电，一路电源（主供电源）引自 10kV 公网电源线路，一路电源（备用电源）引自本电站 35kV 母线，经一台 35kV/0.4kV 变压器降压至 380V。本期选用的厂用变压器容量为 315kVA，厂用电采用 0.4kV 级电压供电，电能质量能够满足规程规范要求。

为了减少投资成本，该农光互补光伏电站参考电站设计思路，采用 2 台 500kW 的逆变器和 1000kVA 的变压器组合的方式。

9.4.2　监控系统

光伏电站的监控方式采用以智能运维监控系统，整体的光伏电站和农业种植大棚只需安装一套全面的自动化控制系统装置，具有实时数据、数据分析、数据预判、通信、故障监测等功能，还具有清结算系统，通过对开关站和光伏发电系统的全方面综合的自动化管理，实现电站本地监控端与管控端的监测、遥控和结算控制等功能。

直流控制电源系统安装一组 200Ah 蓄电池，一套充电/浮充电装置，单母线接线。

电站中的火灾自动报警系统需要独立装设，采用集中式报警，还需要装设摄像监控系统和警卫安全系统，实现对、伏组件、电气设备以及电站的安全防范进行监控。电站中还要装设一套监测环境的设备，实现对温度、辐射量、风速等数据的实时监测。

9.5　财务分析及环境评价

9.5.1　发电总成本费用

1. 设备费用

多晶硅光伏组件（260W 块）按 2.8 元/W，20MW 光伏电站的组件费用为 560 万元；并网逆变器（500kW/台）按 0.35 元/W，40 台逆变器的总计费用为 70 万元；其他电气设备价格参考国内目前的价格水平计算。电站总投资 16000 万元，单位千瓦投资 8000 元/kW。

2. 电站管理费用

电站管理费用按照当年收入的 3％ 计算，25 年的电站管理费用共计 1481.6 万元，见

表 9.9。

表 9.9		光伏电站 25 年的管理费用计算表	
年	管理费用/万元	年	管理费用/万元
第 1 年	65.5	第 14 年	58.7
第 2 年	63.9	第 15 年	58.3
第 3 年	63.5	第 16 年	57.9
第 4 年	63.0	第 17 年	57.5
第 5 年	62.6	第 18 年	57.1
第 6 年	62.1	第 19 年	56.7
第 7 年	61.7	第 20 年	56.3
第 8 年	61.3	第 21 年	55.9
第 9 年	60.8	第 22 年	55.5
第 10 年	60.4	第 23 年	55.1
第 11 年	60.0	第 24 年	54.7
第 12 年	59.6	第 25 年	54.4
第 13 年	59.1	总计	1481.6

9.5.2 光伏发电收入

光伏发电收入是农光互补光伏电站的主要收入之一,计算公式:发电收入＝上网电量×上网电价。该电站采用全额上网的运行方式,上网电价根据 2017 年的《国家发展改革委关于 2018 年光伏发电项目价格政策的通知》(发改价格规〔2017〕2196 号)分析,电站电价分为前 20 年国家标杆电价和后 5 年当地脱硫脱硝电价,前 20 年的电价按照 0.75 元/(kW·h) 计算,后五年按照脱硫电价 0.3863 元/(kW·h) 计算,计算出该项目每年的发电收入,见表 9.10。

表 9.10		每年的发电收入统计	
年	发电收入/万元	年	发电收入/万元
第 1 年	2184.53	第 14 年	1957.74
第 2 年	2129.92	第 15 年	1944.03
第 3 年	2115.01	第 16 年	1930.42
第 4 年	2100.20	第 17 年	1916.91
第 5 年	2085.50	第 18 年	1903.49
第 6 年	2070.90	第 19 年	1890.17
第 7 年	2056.41	第 20 年	950.98
第 8 年	2042.01	第 21 年	944.32
第 9 年	2027.72	第 22 年	937.71
第 10 年	2013.53	第 23 年	931.15
第 11 年	1999.43	第 24 年	924.63
第 12 年	1985.43	第 25 年	918.16
第 13 年	1971.54	总计	43931.84

由表 9.10 可知，光伏电站 25 年的发电总收入为 43931.84 万元。

该光伏电站为 25 年的经营期，在经营期内，全额上网电价分为前 20 年国家标杆电价和后 5 年当地脱硫脱硝电价，前 20 年的电价按照 0.75 元/(kW·h)，后五年按照脱硫电价 0.3863 元/(kW·h)，全部投资财务内部收益率为 7.37%（所得税后），财务净现值为 28183 万元，投资回收期为 8.09 年（所得税后），综合考虑投资成本、时间成本后，资本的收益率为 13.19%，综上所述，如果光伏电站建成，将有着良好的盈利能力，经济效益非常理想。

CDM（Clean Development Mechanism）就是清洁发展机制，实指允许发达国家和发展中国家进行项目级的减排量抵消额的转让与获得，可以有效地达到缓解温室效应的目的。在 2002 年 CDM 项目走进我国，在已批准的 CDM 项目中，新能源和可再生能源项目占主要部分，截至 2017 年 4 月 30 日，已获得 CERs（Certified Emission Reduction）签发的中国 CDM 项目 1544 个。

同燃煤火电站相比，按标煤煤耗为 320g/(kW·h) 计，每年可为国家节约标准煤 206960.14t。相应每年可减少多种有害气体和废气排放，其中减少 SO_2 排放量约为 19402.51t、NO_x（以 NO_2 计）排放量约为 2586.99t，东北电网的排放因子取 0.8811tCO_2/(MW·h)，电站的建设每年可减少温室气体 CO_2 的排放量约为 56985.18t，按照 10.5 欧元/t 的单元碳减排成本计算，该光伏电站项目可额外增加收益 60 万欧元。

经计算，该光伏电站当按照前 20 年的电价按照 0.75 元/(kW·h)，后五年按照脱硫电价 0.3863 元/(kW·h) 计算，全部投资财务内部收益率为 7.37%（所得税后），财务净现值为 28183 万元，综合考虑投资成本、时间成本后，资本的收益率为 13.19%，投资回收期为 8.09 年（所得税后），由此可知该项目在经济上是可行的。

参 考 文 献

[1] 张兴，曹仁贤，等. 太阳能光伏并网发电及其逆变控制 [M]. 北京：科学出版社，2009.

[2] 朱莉，潘文霞，霍志红，等. 风电场并网技术 [M]. 北京：中国电力出版社，2011.

[3] 吴涛. 风电并网及运行技术 [M]. 北京：中国电力出版社，2013.

[4] 夏长亮. 双馈风力发电系统设计与并网运行 [M]. 北京：科学出版社，2014.

[5] 福克斯. 风电并网：联网与系统运行 [M]. 刘长浥，冯双磊，译. 北京：机械工业出版社，2011.

[6] 霍滕西亚，莫妮卡，卡洛斯. 风力发电并网运行的无功管理 [M]. 温春雪，胡长斌，朴政国，等译. 北京：机械工业出版社，2014.

[7] 维特尔，艾亚娜. 风力发电并网及其动态影响 [M]. 周京华，陈亚爱，译. 北京：机械工业出版社，2014.

[8] 穆耶思，三浦俊吉，村田俊章. 风电场并网稳定性技术 [M]. 李艳，王立鹏，等译. 北京：机械工业出版社，2011.

[9] 张以宁. 双馈风力发电系统并网低电压穿越技术研究 [D]. 北京：北京交通大学，2012.

[10] 马记. 小型风机并网逆变器研究 [D]. 山东科技大学，2015.

[11] 闫超. 双馈式风机并网及功率补偿控制策略研究 [D]. 哈尔滨：哈尔滨工业大学，2012.

[12] 李兴鹏. 新能源并网的关键技术研究 [D]. 杭州：浙江大学，2013.

[13] 于洋. 永磁直驱风机通过直流输电并网的控制策略研究 [D]. 杭州：浙江大学，2017.

[14] 刘石川. 异步风机运行特性及并网影响研究 [D]. 北京：华北电力大学，2011.

[15] 杜强. 双馈风力发电系统低电压穿越技术的研究 [D]. 天津：河北工业大学，2011.

[16] 王继东，张小静，杜旭香，等. 光伏发电与风力发电的并网技术标准 [J]. 电力自动化设备，2011 (11)：1-6.

[17] 柴新，芦东坤，张伟. 微型逆变器 [J]. 电气开关，2012 (6)：88-90.

[18] 鞠振河. 太阳能光伏与建筑一体化技术规程 [J]. 太阳能，2011 (9)：43-45.